GAFENCUMEN

高峰傲

极品荟萃丛书

Best of the Best

世界高级时装及配饰

马家伦 主编

上海科学技术出版社

图书在版编目 (CIP) 数据

世界高级时装及配饰 / 马家伦主编.—上海：上海科学技术出版社，2012.6
（高峰傲极品荟萃丛书）
ISBN 978-7-5478-1228-0

Ⅰ.①世… Ⅱ.①马… Ⅲ.①时装－介绍－世界 Ⅳ.①TS941.7-9

中国版本图书馆CIP数据核字（2012）第043893号

编委会名单

主编
马家伦

编委
马家伦　唐尼·莫利 (Tony Murray)　王保晶　文延昌　孟　杨　戴颖敏　何琳珊
刘　艺　黄佩珊　苏志明　钟彤悦　严佩姗　刘紫雯　杜明甫

顾问
格林·柏克 (Graeme Park)　唐杰 (Tom Eves)　海涛沙 (Heta Shah)　白克雷 (Craig Bright)

特约编辑
张志华

图书设计
阿堤拉·万礼仕 (Attila Meneses)　萧惠英

鸣谢
香港富讯有限公司　上海逸嘉广告有限公司（www.高峰傲.com）

出版发行
上海世纪出版股份有限公司　出版、发行
上海科学技术出版社
（上海钦州南路71号　邮政编码200235）
新华书店上海发行所经销
浙江新华印刷技术有限公司印刷
开本 889×1194 1/16 印张 13.5 插页：4
字数：220千字
2012年6月第1版　2012年6月第1次印刷
ISBN 978-7-5478-1228-0/TS·88
定价：98.00元

目　录

左起：萨尔瓦托勒·菲拉格慕经典的 Gancino 配饰; 博柏利 Prorsum 2011 春夏女装系列

时尚魅影

时尚，就是为社会大众所崇尚和仿效的生活样式，代表了某段历史时期，是任何国家文化特征的基本组成部分。从历史上来讲，时尚其实是个相当特殊的领域，一个几乎可以代表这个国家整体形象的典型要素。古往今来，每一个国家都拥有属于自己的民族代表服饰，而这些服饰似乎也早已与这个国家的悠久文化特征牢牢联系在一起。

曾经无坚不摧、驰骋疆场的古罗马人几乎一度征服了半个地球，而外形简单的罗马式宽外袍也早已成为了古罗马人的代表服饰；到了两千多年后的今天，这种极具历史意义的服饰却被现代人重新演绎，再度散发出一种极具品位和格调的文化气质。

设计天才华伦天奴与国际超模

　　同样，被日本人视若圣贤的和服，盛行之风虽早已一去不复返，取而代之的是极具当代时尚风格的修身西装、设计师款式和创新独特的高级布料；然而，一位日本优雅女性身着和服婀娜多姿的画面却始终在人们脑海中挥之不散。这，或许正是一门时尚艺术的精髓所在——无论何时，伟大的艺术都不应被人遗忘。

　　放眼当今全球的时尚界，尤其是男性时装，其服饰种类的可选度早已不如半个世纪前那样丰富多彩；无论是两件式、三件套，还是双排扣西服，在商业、金融甚至政治领域，其绅士魅影几乎无处不在。除了官方场合外，如今，一件剪裁入时的西装似乎也早已成为各个职业领域现代男士群体的统一制服。

　　当然，这样的转变也并非一成不变；在国际时装舞台大行其道的西式商业西装，最终也直接导致了一种新时代礼仪的出现，设计师们也开始纷纷在西装的材质、造型、做工与舒适度等方面大做文章。在这一方面，很多国际知名品牌就很好地迎合了这种优雅剪裁的至高标准，因此，本书的关注重点，也正是这

古驰的竹节包取材于大自然，所有的竹子都从中国及越南进口

些历久弥新、隽永经典的时尚豪门。

在本书中，我们不仅带领您一览这些长久以来始终都矢志不渝地秉承品牌精神与企业理念的高级时尚名品，还会为您展现一系列全球顶级的时尚名家，以及由他们所带来的男性正装、休闲装，以及女性时尚潮流新品。

与此同时，我们还会与您一同造访亚洲地区时尚理念的悄然变化，尤其是当今全球的热门新兴市场——中国。曾经的定制服饰之都——上海、北京、杭州等国内潮流时尚、商业金融、媒体政治聚集中心，现今早已发生了翻天覆地的转变，而随着各大品牌不约而同地将这片东方王国视作 21 世纪的发展重点，并大批拥入国内市场，这些时尚名家也早已行动起来，渴望在此重现品牌曾经的繁荣与昌盛。

作为一名现代商务人士，选择一家特定的服装品牌来彰显自己的个性风格，似乎也已成为了大势所趋。要想成功做到这一点，我们首先必须找到一个能够承载自己风格特征、社会地位与灵感精神的理想品牌。不过，无论哪

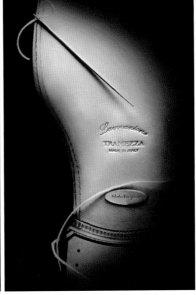

左起：爱马仕著名的马鞍缝线，采用了蜂蜡亚麻线，全手工完成；一直都将传统工艺与创新设计作为动力的萨尔瓦托勒·菲格拉慕；路易威登每一件作品均以精湛工艺缝制每个细节

家品牌，似乎也都更愿意打着"终极新品"的宣传口号，从而令不少现代人士头疼不已。

本书将会以各大时尚品牌的创办历程为出发点，进一步带领您了解其背后的故事渊源，以让广大读者能够更为透彻地去认识这些品牌王国究竟是如何一步步登上国际时装界的傲人之巅。此外还有这些伟大的创始人当初究竟是怀揣着怎样的理想与目标，毅然选择踏上这条漫漫征程。

本书不只是一个着眼于米兰或巴黎等时尚之都当季最新作品的产品目录，而是以一种独特视角，为您详细解读当今世界最具影响力的25家时尚品牌。其中，有些品牌的诞生过程，其实最初只是源于时装设计师一个再简单不过的念头，但最终却为这个世界带来了一系列创意非凡的时尚概念。遗憾的是，这些伟大的人士我们早已无缘一见，但通过对他们的设计理念与伟大贡献进行了解，我们便能全面正确地去看待这个璀璨夺目的当代时尚产业。

故人已去，那些创意出众的时尚先驱，有些人离开我们甚至已有半个世纪

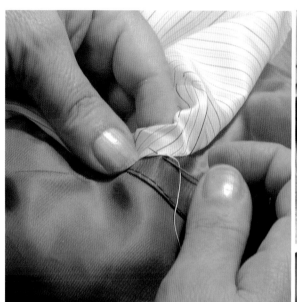

左起：克莱利亚尼精益求精的手工缝制技术带来完美的服装；巴丽始终全心全意去实现一种"整体造型"的设计概念

的时间，但他们所留下的那些伟大理念，却在此后一直都不断激励着品牌毅然向前。如今的很多行业，"品质"、"创新"几乎早已变得庸俗不堪，而在时装产业内，要想成功延续时间的考验，单凭这些元素，绝对是远远不够的。

他们的优势，其实只有两个字——"眼界"。对于 Chanel、YSL 和 Coach 等品牌而言，也正是不同的"时尚眼界"，才最终决定了其品牌的荣辱成败。这些服饰作品看似一成不变，就如同人类恪守已久的本性特征一般，然而每个季度，却总会有无数时尚品牌不厌其烦地将自己的最新大作推向全球时装业市场。也正是凭借这种惊人的创造力与时尚需求，才酿就了巴黎时装秀场上的新品辈出，以及时尚之都的万人空巷。因此我们完全有理由这样说，时装界的巨大能量是不可想象的，因为它的创新周期不是一年，而是三个月！

在本书中，我们为您精选了过去 150 年间那些曾为时尚事业创造过无数伟大革新作品的时尚品牌与伟大人物。事实上，这些品牌无一例外都有着辉煌的历史成就，因此才得以在长达一个半世纪之久的时间里经久不衰。

左起：杰尼亚与顾客已形成了一种相互信赖的稳固关系；托德斯经典而又摩登的产品源自其精巧的手工艺技术

可以说，当代时装工业的形成时间，实际上始于 140 年前的 1871 年。就在这一年，美国裁缝 Jacob Davis 和他的合伙人 Levi Strauss 一同推出了全球首件粗纹棉布牛仔裤。Jacob 的最初目的其实只是为了用铜铆钉去加强裤子的耐用度，其主要的产品对象也都是些伐木工人。但现如今，牛仔裤的市场价值却已是高达 610 亿美元！单是在美国国内，其年产量就已经达到了 4 500 万条！紧接着，造型别致的 Levi´s 牛仔裤也随之问世。

20 世纪初的国际时装业市场，已经是风生水起、一片革新之声，很多的不可能纷纷在此期间成为可能。曾在一战期间被广大士兵视为沉重累赘的防雨衣，却在后来演变成为一种风靡全球的流行时装——军用防水短上衣。

1926 年，战后的能源危机导致了以往的浮夸之风逐渐式微，思想前卫的 Coco Chanel 重新开始思考女性着装的另一种可能。她大胆地将无曲线且全素面的黑色及膝连衣裙端上台面，在那个强调丰胸、纤腰、翘臀曲线及反复装饰的年代，这一创举居然成为了引领女性服饰的一大趋势，并被法国主流媒体视为

左起：克莱利亚尼男装系列；雨果·博斯男装系列；肯迪文男装系列

是"现代女性新制服"而大力推崇。这，便是享有百搭易穿、永不失手无上荣誉，并因此而顺理成章地成为女士衣橱必备品的香奈儿小黑裙（LBD）。

在此后数十年的时间里，女性时尚重心开始渐渐转向西方市场，并在随后进入亚洲地区；而创立于 1947 年的 Christian Dior 也曾在战后巴黎重建世界时装中心的过程中，作出了不可磨灭的伟大贡献。Christian Dior 所生产的炫丽女装此后便开始"一再被模仿，但却从未被超越……"

紧随其后的，便是被无数亚洲时尚女性疯狂追逐的迷你裙风潮。早在 1965 年迷你裙初登舞台之时，却被不少人讥讽为伤风败俗的不雅之物，时至今日，曾"让全世界少女都露出大腿"的"迷你裙之母"Mary Quant 也仍旧活跃于国际时尚界的舞台上。与此同时，时尚界也遭遇到了前所未有的重大转折——成衣服饰开始首度于大众市场广泛盛行。其中首当其冲的，便是既前卫又古典的 YSL Rive Gauche，几乎一夜之间，该品牌便颠覆了国际时装工业。

整个 20 世纪 60 年代几乎都被无数天才设计师与制造商所统领，由此也被

左起：以优质鞋履起家的萨尔瓦托勒·菲拉格慕；来自伯爵莱利的经典男装配饰

誉为"时装业的黄金时代"。从那往后，一大批极具创新理念的时尚品牌便开始如雨后春笋般地纷纷现身，与之一同出现的还包括了一群超级名模，比如说凯特·莫斯。随高级时装一同亮相的，还有一系列的时尚配饰产品，如风靡一时的It 包和It 鞋等；而美剧《欲望之都》也曾为 Jimmy Choo 的闻名全球立下了汗马功劳。现在，该品牌设计师设计的鞋子在市场上的销量每年都在以指数级数不断增长。

　　与其他产业领域一样，如今的时装业也已经步入了一个空前发达的数字化时代，网络零售商在各大品牌中早已是屡见不鲜，而许多品牌更是将产品时装秀放到了互联网上供消费者随意点击查看，已令其随时都能与品牌的最新时尚创意作品保持密切同步。

　　凭借超群的创意理念和无与伦比的创新能力，时尚业的未来，将会是永不过时；相信通过本书，您将会领略到一种全新独特的，而又充满丰富色彩的时尚产业特征，慢慢享受吧……

登喜路

ALFRED DUNHILL

全球各国的国际级知名品牌，大多是以女装挂帅，而要说如今以男性服饰为主打的国际性品牌，就不得不提英国老牌服饰厂家登喜路。登喜路强调将现代与传统相结合的品牌理念，极具浓郁而又优雅的英式绅士味道。

从阿尔弗雷德·登喜路在一百多年前创办自己的首家汽车配饰产品专卖店开始，直到21世纪初其所赞助的国际汽车赛事，这种无畏的冒险精神始终都贯穿了登喜路的发展历史，并日渐成为了登喜路的典型风格与特点，再加上品牌对奢华独到的理解造诣，一并造就了登喜路灿烂辉煌的今天。

登喜路的成长道路，似乎一直都与汽车及赛车运动密切相关。早在20世纪初，年轻的阿尔弗雷德就为公司起了"登喜路驾车族"这样一个颇具运动风范的名字；在当时，驾车只是少数有钱人消遣娱乐的生活方式，这些人往往不是富家公子、冒险贵族，便是些行为不羁的年轻人。

当年轻的赛车手们终于得以真正放开手脚，将汽车驾驶运动推向极致，享受愉悦与疯狂刺激时，与之配套的驾车服装便成为了一个让他们头疼的问题，瞅准了商机的阿尔弗雷德随即便为此推出了一系列外形独特的现代服饰装备品。

此外，登喜路还拥有一个忠实而又尊贵的顾客群，他们中的每一位都是当时流行时尚界的引领者和宠儿，比如说西班牙的阿方索国王、挪威的肯特公爵、埃及国王法鲁克、荷兰王子贝恩哈德……他们几乎每个人都爱用登喜路的香水，享受登喜路的雪茄，用登喜路的手表来阅读时间，用登喜路的钢笔文具来写信；甚至就连当时的英国首相丘吉尔和歌坛巨星"猫王"，后来也都成为了这家品牌的忠实崇拜者。阿尔弗雷德一生都疯狂迷恋于速度、精准

登喜路 2011 秋冬男装

顺时针左上起：阿尔弗雷德 1903 年创作的一种警察探测器；阿尔弗雷德在伦敦的尤斯顿路开设的第一家店铺；登喜路在 20 世纪 70 年代发布的男装作品系列；位于伦敦 Walthamstow 的皮具定制精工坊；位于巴黎市中心和平街 15 号的登喜路第一家欧洲店铺

和烟草，这个英国男人性格倔强而又极具才华，是个商业大才、钢琴家、驾驶好手……在自己的一生中，辉煌的事业成就与高品质的生活方式，都被这个男人奇迹般地集于一身。

1893 年，年仅 21 岁的阿尔弗雷德先生继承了其父亲的马具店生意，并看准了当时人们对汽车的炽热追求，生产出一系列的高级汽车用品，并很快成立了自己的第一间店铺——登喜路汽车配件店（Dunhill's Motorities TM）。当时，阿尔弗雷德曾扬言要提供"除汽车以外的所有汽车配饰产品"。不久，该公司便发展成为了行业先锋，而店铺亦由最初时只卖汽车配件，逐步发展为销售驾驶人士所需的各种配饰，如旅行袋、手提箱、皮衣、打火机和汽车喇叭等。

1903 年，登喜路推出了仪表板时钟，这也成为了登喜路所推出的第一款计时工具；一年后，阿尔弗雷德又在伦敦的尤斯顿路开设了第一家店铺；仅仅三年后，他又在 St. James 公爵街开设了另一家分店。一向富有冒险精神的阿尔弗雷德并不甘心满足现状，于是便开始涉足其他全新领域——从赛马会、板球、烟草烟斗、皮具、绅士服装、腕表、香水到男人需要的一切精巧小玩意，应有尽有。"我在汽车配饰产品方面所取得的成功，同时也证明了一个问题，那就是如果我们的产品能够完全满足上层人士的需求与期望，那么盈利就只不过是时间问题，而且相比卓越品质，价格似乎也并不是那么重要。"

一次大战后，登喜路便确立了自己在烟草和烟斗生产领域的领先地位。从 1921 年起，登喜路开始在纽约开拓市场并于 1933 年在洛克菲勒大厦设立了一家旗舰店，该店整整占据了大楼的五个楼层，随时准备着去迎接那些高品位美国顾客的造访，同时还向该市场推出了扑克牌和全套鸡尾酒用具等多种类型的系列产品；而 1936 年问世的登喜路 Facet 腕表，更是成为了登喜路品牌的一款不朽之作。此外，登喜路还在巴黎的和平大街开设了一家精品店，时尚的巴黎人经常会光顾此店，以亲身感受店内那些顶级产品所独具的超凡魅力。

1941 年 4 月 17 日，随着一声巨响，登喜路位于 St. James 公爵街的店面遭受到了纳粹的剧烈轰炸，但没过多久，店铺便开始照常营业。如今的登喜路位于伦敦哲明街 48 号的旗舰店便是建于这个旧址之上。1956 年，登喜路 Rollaga 打火机正式问世，它不仅是全球首只丁烷气高级打火机，更是在日后化为了传奇的经典。随后几年间，登喜路的产品战线又逐步拓展至体育用品和航空产品领域，并为航空驾驶人员设计了一系列的服装及配饰产品。

1959 年，阿尔弗雷德不幸去世，再也无法看到这家"男装帝国"在日后取得的辉煌荣誉。进入 20 世纪 60 年代，登喜路公司的产品已被销往全球 100

多个国家和地区。1967 年，Carreras 国际公司购买了登喜路公司的股权。紧接着，Carreras 又接手了登喜路混合烟草产品的生产及登喜路工厂。20 世纪 70 年代标志着炫耀性消费与男性装饰品时代的正式到来，几乎是在一夜之间，男士们纷纷抛却了对传统价值观根深蒂固的崇拜，一个个开始变得自负而又庸俗。但面对时代剧变，登喜路却选择了坚守阵地，仍旧保持着品牌最经典的传统设计理念。

很快，登喜路的品牌名气也随着产品的良好声誉一起，开始被越来越多的时尚人士所深深喜爱。如今，各大时装及奢侈品品牌往往都会通过各种赞助活动来推广自己的市场知名度，而当年引领这一风潮的不是别人，正是这家来自英国的绅士品牌，比如说 PGA 巡回赛以及登喜路的高级设计师们在千禧年联手阿斯顿·马丁所推出的重量级超跑作品——新款阿斯顿·马丁 DB7 等等。1998 年，登喜路成为了历峰集团下的成员之一；2002 年，登喜路又在世界范围内对旗下精品店进行了全速改造。继伦敦老邦德街、纽约第五大街、巴黎和平大街之后，又先后在东京银座区和香港中环太子大厦推出了多家新概念精品店。

登喜路豪华的精品专卖店并不只服务于成功男士，同时也非常欢迎时尚女性前来参观购物。但是，这里所提供的所有服饰产品，都是专为那些成功男士而设计的。在这里，消费者会享受到世界一流的服务，使他们感受到登喜路精品店既是一个梦想的殿堂，又是一个充满着和谐氛围的英式俱乐部，让他们梦想成真、惊喜不断。豪华而别致的店面设计旨在体现一流的装饰、悠久的历史以及顶级产品所独具的高贵内涵。

为了突显"豪华的男士世界"这一设计理念，精品店的整体设计风格与这一理念所追求的意境最终和谐而又完美地统一在一起。在设计之初，登喜路曾设想过多种不同成功男士们所追求的理想购物环境，最终得出结论是："新精品店应该永远是一个融现代时尚元素和恒久英式情怀于一体的场所，人们应该乐于在此种环境中购物并流连忘返。这种新的店面设计应该不同于任何一家品牌的店铺，顾客们会被柔和的灯光、微妙的皮具香气所吸引，并为此而驻足。"

登喜路的目标顾客大都是介于 30～50 岁之间，成功、富有、高雅且具有非凡品位的男士，经典的风格和得体的衣着对他们来说，无疑有着非常重要的意义。

登喜路店内的橱窗设计没有任何多余的装饰，令顾客可以对店内的布置及陈设一目了然，以便于顾客进店参观和随意挑选各自所需的物品。

登喜路店内的家具都设计得十分小巧别致、高度适中，具有充分的灵活性和实用性。较高的家具靠近墙壁摆放，以方便顾客随意地取放，展示柜有着皮

顺时针左上起: 登喜路 2011 秋冬 Tailoring 系列; 登喜路 2011 秋冬 Silk Arctic Parka 系列; 登喜路 2011 秋冬 DoubleFaced Navy 系列; 登喜路 2011 秋冬 Silk Bomber 系列; 登喜路 2011 秋冬 Duffle Coat in Navy 系列

顺时针左上起：登喜路 2011 秋冬撞色饰边尖头靴；登喜路 2011 秋冬 Chassis Holdall 手提包；登喜路 2011 秋冬 Facet Mosaic Cufflinks 袖扣；登喜路 2011 秋冬 Bourdon 卡包；登喜路 2011 秋冬 Micro d-Eight Leather Panel Belt 皮带

制的顶部，墙壁上的盒式展柜更是可按照不同尺寸任意装配。

2008 年，登喜路在上海淮海中路 796 号倾心打造了继伦敦和东京之后的全球第三座"登喜路之家"。修缮一新的登喜路上海之家环绕于优美的英式花园中，此外还设立了高级餐厅和酒吧，将当代男性的品味生活诉求与体验式零售概念合二为一，令无数中国现代绅士震惊不已。英式经典的快乐主张就是"享受生命中的每一刻"。因此，那些记载了生活点滴时刻，彰显成就瞬间，尽享快乐时光的元素，也就显得尤为珍贵。登喜路的服饰产品系列能够让人们乐于更深层次地去挖掘快乐的本质，从而超越自我、尽情地去享受生活。

目前，登喜路的全线产品已在中国大陆市场设有一百多个销售点，包括北京、上海、大连、成都等。近年来，不少老品牌开始纷纷进入"年轻化"领域，登喜路自然也不例外，其全线产品也都顺应了这个大势所趋。奢华是一种敬仰，从 1893 年打开奢华魔法之门的那一刻开始，登喜路就给全球无数男性以一种奢华诱惑，让他们心甘情愿在月亮背面去窥探自己的优雅与细腻。

在 21 世纪的今天，人类已进入了一个满载信息的时代，男人们更是被纷乱而又喧嚣的节奏推向了潮流前沿。此时此刻，惟有登喜路香水能够把男人们对于物质欲望的追求推向更高层次，尽显男人之真我本色。堪称艺术杰作的登喜路香水，每一滴都经过了精心雕琢，每一款香水也都有着独特高雅的特质，是动人心弦的时尚艺术品，并结合了智力、美学与细腻的非凡技艺。

目前，DAY 8 存在于 dunhill.com 网站中，被翻译成各种语言。DAY 8 不是博客，也不是电子杂志，而是登喜路眼中的世界。DAY 8 始终反映登喜路的品牌支柱，即创新、优雅、旅行、文化和睿智，其编辑立场非常简单：创作或策划充满吸引力的内容。有趣还不够，还必须要引人入胜，具有启示意义。内容的形式可以是图片、文章或视频，全都在一个网络平台上。奢华远不止于产品。登喜路深谙这一点，它的一砖一瓦都融合了这一理念。

登喜路以各种形式来彰显男性格调，典藏男性魅力，令男人的每一根神经都能兴奋不已，但又含而不露、欲遮还羞，让你来不及去揣测，就已经迷失了自己。登喜路香水在设计上的最大特征，便是经典与现代的完美结合，外形简洁典雅，展现出一种时代动感，于商务场合中尽显个性，在国际场合中彰显自我，始终如一地遵循着登喜路品牌所一贯的高品质标准。

登喜路，世界级的精品王国，一个经营了百余年的经典品牌，精致优雅的传统欧洲风格，将会以更多的优质设计，为品位挑剔的全球绅士们带来更多的卓越与惊喜……

巴丽

BALLY

在国际奢侈品世家，巴丽可谓算得上是独树一帜，无论是时装、鞋类还是手袋，巴丽始终都全心全意地去努力实现一种"整体造型"的设计概念，使其作品散发出魅力十足的独特气质。比如说巴丽的鞋类和手袋，都有着一种十分相近的设计特色，色彩相同的皮革制造，手艺类似的缝制方式，甚至连标识的手法都极为相同。这一切均基于一种理念，那就是巴丽要创造出一个丰富而又多元化的整体时装世界。

作为一家已经经营了整整160年的瑞士经典奢侈品品牌，巴丽在国际奢侈品界的地位绝对是无人能及，同时也是当今世上最古老的一家时装品牌。但即便如此，巴丽也仍未就此止步，始终都在以精益求精的品牌理念，继续创造着一个伟大而又隽久的传奇神话。一个偶然的念头就有可能会开启一扇恒久的大门，让人生与事业别有洞天，甚至流放百年，惠及大众；而巴丽的品牌故事，就开始于其创始人的一段爱心与灵感旅程。

一个半世纪前，一位丝带编织商与自己的妻子和14个子女一起，居住在瑞士一座风景秀丽的村庄之中。这位编织商年老之后，事业被传到了子女手上，他的第11个孩子——卡尔·弗兰茨·巴丽（Carl Franz Bally）后来与自己的一位兄弟一同，接管了父亲所留下来的家族生意。在当时的欧洲，松紧带刚刚开始被人们用于制造鞋类，需求量一时大增，于是，丝带编织企业便开始与制鞋商打起了交道。也许是因为运气好，也许是由于经营有方，总之，由卡尔兄弟所生产的松紧带不但在国内销路不错，同时也受到了法国鞋商们的一致青睐，为了联系客户，卡尔经常会往来于瑞士和法国之间。

巴丽 2011 秋冬男鞋系列

顺时针左上起：品牌创始人卡尔·弗兰茨·巴丽；160 年的瑞士经典奢侈品品牌；品牌创意总监 Graeme Fidler and Michael Herz; 巴丽强调产品的一丝不苟、至臻完美；常常有几代人忠实于巴丽企业

一次在谈完生意之后，卡尔被客户橱窗里所陈列着的一双外形别致的女式皮鞋所深深吸引——"妻子穿上它一定会很舒适、很出众"。然而，对于女式皮鞋的型号划分和妻子究竟该穿多大的尺码，卡尔却一无所知。这位急于送件礼物给妻子的瑞士人想了一会儿，终于下定决心，买下了所有型号的鞋子，后来，那双不同凡响的皮鞋让妻子在当地大出风头，而卡尔心里也由此产生了一个伟大的梦想——尝试设计生产皮鞋！按照卡尔当时的想法，当时所盛行的小作坊定制式生产绝对没有出路，一定要进行大批量的生产，以让更多的人能够穿上精美漂亮的鞋子。从那一刻起，这位人称"巴丽之父"的品牌创始人，为实现这一梦想，便付出了自己的不懈努力。很快，卡尔在距离苏黎世 50 公里的舍嫩韦德（Shönenwerd）开设了一家制鞋厂，并将从父亲那里继承而来的松紧带厂一并带入其中。

1851 年，当他看到自己所生产出的第一批皮鞋时，脸上的骄傲与激动之情难以掩饰；卡尔一生中最大胆、最富想象力的愿望，终于化为了现实。"巴丽"皮鞋面世之初，还是在欧洲人大都习惯于找鞋匠做鞋子的时代。同众多经典品牌一样，"巴丽"始终都难以忘怀其一个多世纪的优良传统——强调产品的一丝不苟、至臻完美，是一种关乎荣誉与尊严的传奇之作。良好的运营状态与极富创意的公司福利制度，令许多工作人员都感觉到自己就是位"巴丽人"，常有几代人都忠实于这家企业，因为他们相信，真正的艺术决不会因为时间的流逝而被遗忘，而它的价值与名誉也将会随着年代的推移而不断增长。

巴丽品牌中的 Scribe 系列，无疑就是这一观念的杰出代表；这一经典系列的皮鞋，每双的平均制造周期为 12 天，比一般皮鞋多出三倍，鞋垫部分是由极富弹性的薄橡胶与软木层叠而成，要求使用者隔日穿着，穿时鞋垫可伸缩成体贴脚型的曲线，令双脚感觉舒适而又自然。

鞋面则全部采用了全幅法国进口高级小牛皮，没有一丝驳口，且特别光滑；皮鞋内衬是以高透气度的优质软牛皮制成，鞋跟采用了相同皮料且加以手工镶嵌铜钉，不易变形走样。每一双 Scribe 皮鞋在进入商店时，都配有原厂证书及一年质保，购买后三年内还可送往瑞士本厂内检修，鞋跟、内陇及鞋带首次更换均一律免费。优越的品牌售后保障同时也确保了巴丽在日后的长足发展，令巴丽品牌深得人心、万众崇仰。刚开始，工厂做出来的鞋子销路其实并不尽如人意，但很快卡尔就成功打开了局面——巴丽皮鞋开始出口南美，接着又开拓出英国及其他地区市场，此外巴丽还在许多国家的主要城市建立了分支机构，飞速发展的工厂在全球范围内都取得了最初的胜利。

随着各地客户对制鞋材料和加工工艺提出了更高的要求，巴丽勇敢地面对挑战，在产品革新、生产工序、生产能力及部件生产等各方面得到了极大发展。

1892 年，新一代继承人爱德华和阿瑟将巴丽的品牌业务推向了另一高峰；1907 年，公司整合股份，并更名为 CF 巴丽股份公司且一直沿用至今。从一战到二战，整个世界的经贸活动都被接踵而来的原料紧缺、各国保护主义所导致的进口关税保护、经济衰退以及世界范围内战争持续不断所严重影响，一时间行业极度不景气。由于 60% 的产品都是出口海外市场，因此巴丽公司自然也是受打击不小，面对困境，巴丽毅然建立起了自己的化工企业，并在巴西收购了一家拥有 3 000 名员工的大型皮鞋厂，生产最好的胶黏剂和高质量皮革，以做到自给自足，确保了巴丽品牌名誉不倒。二战过后，巴丽的业务量有了长足进步，成功地稳固了其在世界市场的主导地位；20 世纪 60 年代中期，巴丽公司更是达到了雇员 1.6 万人，日产量 1.8 万双的品牌巅峰。

卡尔·弗兰茨当初那个浪漫而又大胆的梦想，最终结出了累累果实，在世界各国，越来越多的人都开始穿上由他们所制作的精良皮鞋。巴丽最初的成功，便在于它很快地开拓了海外市场并立足于出口，而不满足于仅充当一个区域性名牌。

从 20 世纪 30 年代起，巴丽就开始在各大主要城市收购零售店，在扩大零售业务的同时，也具备了原料供应能力。经过多年的销售网建设，如今巴丽在全世界总共拥有 500 家地理位置一流的店铺或合约专卖店。服装、手袋及其他皮具是在 1976 年正式加入巴丽王国的，而这也是这个家族企业由本族人掌管的最后一年；1977 年，巴丽公司由外人参股操作，九个月后，巴丽公司又被卖给了一家名为 OBH 的军火商，此后销量出现了明显上升，但由于定位不佳、操作不善、品牌形象模糊不清，巴丽在世人心中的地位显然大不如前。

进入 20 世纪 90 年代，一项名为"巴丽艺术"的培训项目在法国和德国先后展开，紧接着又扩展至瑞士、美国和亚洲等地，这个项目旨在努力培养出一批素质优秀的销售人员，因为他们是站在巴丽品牌最前沿、与顾客直接对话的重要联系人。除此以外，巴丽还研发了一套货物 24 小时自动循环周期，将其产品生产及交付时间缩短到了十个星期。

1999 年，对巴丽品牌深信不疑的德克萨斯太平洋集团（TPG）正式收购了该品牌，他们为巴丽度身定制了一套营销策略，从世界其他顶尖奢侈品品牌公司请来高手，组建起一支国际化的设计队伍。新的形象配合连番的广告攻势，从 2000 年春天开始，这家瑞士品牌开始逐步唤回老顾客的青睐，同时也吸引了一大批新顾客前来驻足。才华横溢的年轻设计师团队、得天独厚的灿烂历史、

顺时针左上起: 巴丽 2011 秋冬女装; AzureBlue 女包; BlackBlue 女包; Dorsilla Whisky 女鞋

顺时针左上起：巴丽 2011 秋冬男装；2011 秋冬男鞋系列；Scarpe 男包系列

丰富多样的品牌阵容，再加上生机勃勃的时代背景，当时就有不少时尚专家纷纷猜测，国际奢侈品界又将会出现一位实力成员！

2001 年，在世人的万众瞩目中，巴丽迎来了自己的 150 周年庆典；一年后，全新的管理及设计团队走马上任，巴丽彻底改良了品牌的运营及生产网络，并将产品制造中心放在了瑞士和意大利。

2003 ～ 2004 年期间，巴丽先后于东京、香港、慕尼黑及伦敦开设了多家新店，并继续于全球各地广开店铺，以全新的装修概念翻新已有店铺。

2008 年，总部位于意大利米兰的新兴奢侈品管理公司——Labelux 集团正式从 TPG 手中接管巴丽，该集团为维也纳家族所控股的国际财团 Joh. A. Benckiser SE 所有。为了更好地传达巴丽悠久的历史传统，公司在 2009 年正式发布了一枚新款标识，在 logo 中表明了品牌诞生地——瑞士，并融入了象征巴丽家族的盾状徽章。Bally.com 在线商铺随之上线，位于 Ion Orchard 的新加坡巴丽旗舰店也在随后对外开张；同年，随着中国大陆及香港地区众多新店的纷纷开业，巴丽在中国国内已拥有总共六十多家直营专卖店。

巴丽大家族的今天，已经发展成为一个世界性集团。目前，巴丽共拥有5 400 名员工，在欧洲多国设立了自己的制鞋厂，年产量约为 280 万双，集团的总产量更是高达 700 万双。优质的皮鞋产品早已不单单只是巴丽的唯一商品，皮件、服装、文具、箱包、饰品等花色品种繁多的系列作品，也都纷纷出现在了人们的生活之中；这些产品的共同之处，便是用料考究、式样完美、加工精细而又能适应时代潮流。

巴丽最具标志性的鞋品系列，当属 Scribe 和 Havana，其宛如拨弦琴般细腻微妙的装饰图案、来回缝合法、上别针法，以及独有的鞋面和鞋底艺术化缝制手法，无一不将巴丽品牌的个性化笔触尽显无疑。这些特点再栽培以鲜明的色彩，让人感觉别致经典而又舒适耐看。两款系列均有着数十年的历史，经过长期的研发与演变，无疑已成为巴丽品牌最典型的形象代表。

在巴丽的美学观念里，经典就意味着随意与耐人寻味，而巴丽也选择以各种方式去表达自己心中对优雅一词的现代诠释。专为女性设计的巴丽鞋，现如今设计得也是格外的女性化，Taramia 皮鞋的优雅气质，无论在公司里还是鸡尾酒会上，都会让万千女性显得风姿卓韵……

早已仙去的卡尔先生这回终于可以更加自豪地微笑了；当年这位大师偶然而生的一个愿望，如今却成就了一番精致璀璨的伟大神话，而他的姓氏，也必将会随着这个全球皆知的时尚品牌，被印刻在国际奢侈品王国的殿堂中。

博柏利
BURBERRY

作为一家最能代表英式传统风格的奢侈品牌，博柏利多元化的产品系列完全能够满足不同年龄及性别消费者的个人需求。

时至今日，翻看字典你依然会发现，"博柏利"也已经成为了"风衣"的代名词。该品牌始创于 1856 年，当年主要以生产雨衣、伞具及丝巾为主，是英国皇室的荣耀御用品；而今它更加强调英国传统的高贵设计，赢得了越来越多现代人的欢心，成为了一家永恒经典的时尚品牌！

站在英国街头，即使是迎着寒风、下着细雨，但倔强的英国人也不愿撑伞，而是宁愿穿上一件风衣；这不是英国人的怪癖，而是一件挡雨风衣能提供特殊的时尚特质。而提起风衣，许多人首先想到的，便是博柏利。

要想了解该品牌的形象与历史，最好的方式便是从经典的好莱坞电影中窥探一番。无论是亨弗莱·鲍嘉在《北非谍影》中所穿的那件博柏利战服，还是奥黛丽·赫本在《第凡内早餐》中身披的博柏利避雨装，都少不了品牌经典格子图案风衣系列的如影相伴；此外还有《克蓝玛对克蓝玛》中的梅丽·史翠普以及在《华尔街》中向城市大声呼喊的迈克尔·道格拉斯……

由驼色、黑色、红色和白色所组成的格子图案，几乎就代表了品牌的全部，这一格子图案原本是 1924 年雨衣系列的衬里设计，现在则成为了该品牌的经典标志。

著名杂志《男装》很好地概括了该品牌风衣的性能特征："它的风衣最能承

博柏利 2011 秋冬系列

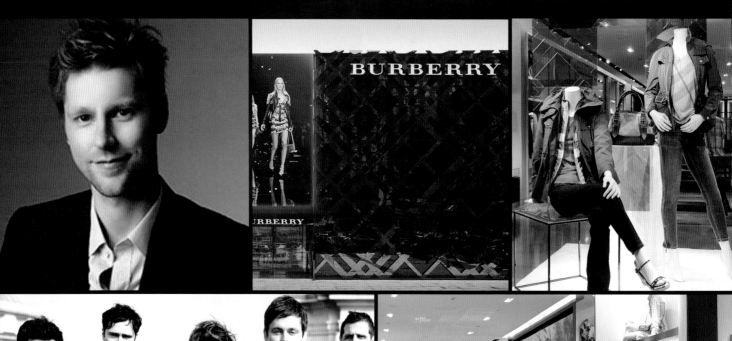

顺时针左上起：品牌创意总监 Christopher Bailey 先生；品牌在北京的旗舰店；北京旗舰店内景；北京旗舰店中配饰区的产品展示；创意总监 Christopher Bailey 先生与男模

受冷风、热风、雨和风暴，在寒冷气候下能够形成良好的服装人体环境。"早期的猎装和钓鱼装需要有理想的防风雨效果，能承受相当大的风雨，同时又要有良好的透气性。公司就完美地满足了这些苛刻要求，为人们提供了各式各样的服饰用品。汽车发明后，公司又迅速推出了驾驶男装及女装，无论是敞篷汽车还是普通汽车，它都能满足不同人的口味和风格。

1856 年，21 岁的英国年轻人 Thomas Burberry 在汉普郡的 Basingstoke 开设了一间成衣店，凭借独家布料、经典图案及优雅剪裁，在当地小有名气。

1879 年，博柏利研发出一种组织结实、冬暖夏凉、防水透气的斜纹布料——Gabardine，他的这一灵感来自于家乡牧羊人及农夫身上所穿的麻质衫，很快便赢得了人们的认可。博伯利于 1888 年为自己的产品取得了专利，专为当时的英国军官设计并制造雨衣，英皇爱德华七世此后更是下令将这款专利雨衣作为一种英军军服来广泛采用。在此期间，品牌又再度推出了一系列耐用时尚的运动服装设计，深得各界人士的欢迎与推崇。

1891 年，公司在伦敦 Haymarket 开设了位于首都的第一家专卖店，直到现在，这里仍是公司的总部所在地。19 世纪末，公司为英国军官设计了一种名为"Tielocken"的风衣，而这也是今天该品牌风衣的最早雏形；进入 20 世纪，公司正式接受英国军方的委托，为其设计全新制服，随之，品牌著名的"马背骑士"标识也正式面世并被公司注册为品牌商标。

最初的十年里，公司开始不断扩张自己的市场并一步步跨出了国门，在巴黎和纽约先后建立起两家分店。1911 年对于公司来说，更是有着史无前例的重大意义；这一年，挪威探险家洛尔·阿蒙森上校率领一支五人小分队，成为了世界上最早抵达南极点的人，而他们所装备的，便是来自公司的户外用品和服饰。这位上校在临走前，还特地在南极留下了一只博柏利斜纹布帐篷，以向后来者证明自己完成了这次探险。

此后，爱尔兰人 Ernest Shackleton 也率先横穿了南极大陆，而他的探险队伍所使用的，也是由该品牌所生产的优质户外产品。一战期间，公司继续为英国军队设计军服。1924 年，品牌注册了它的另一个著名标志——格子图案，1930年，它又参与了飞行员服饰的设计工作。

凭借传统精致的设计风格与产品制作，品牌一直都深受英国皇室的爱戴与推崇，更是分别于 1955 年及 1989 年被授予了"皇家御用保证"勋章（Royal Warranty）。1967 年，品牌开始把它著名的格子图案用在了博柏利雨伞、博柏利箱包和博柏利围巾上，愈发彰显出这家英国品牌的产品特征。

1970 年，公司位于纽约东 57 街上的旗舰店正式开张；随着零售业务的不断扩大，短短十年后，公司便在旧金山、芝加哥、波士顿、费城和华盛顿等地开设了数家直营连锁店，从而成功地打入了美国本土。进入 20 世纪 80 年代，由于日本消费者的狂热追捧，它的销量开始一路骤升。

1997 年，公司管理层出现变动，品牌的发展方向也随之产生了变化，由向来主要为皇室和名人提供服饰，逐渐扩展至多个层面的顾客，从而进一步扩大了客户网络。

就在这一年，公司的母公司 GUS 在苦苦寻觅七个多月后，终于请来了一位伟大的女性管理者，新任 CEO——罗斯·玛丽·布拉沃。凭借过人的商业才能，布拉沃仅用了几年的时间，便引领公司走出低谷，品牌的市场占有率与商业利润也是一路上扬，并在 2004 年实现了 12 亿美元的税前销售收入，增幅高达 22%，而布拉沃本人也因此连续两年被《财富》杂志评选为"美国之外的 50 位商界女强人"之一。

上任后不久，布拉沃便宣布，公司最大的品牌资产，便是其经典的英伦格子风格，这曾是、也仍是它最能够从众多经典品牌中脱颖而出的重要利器，"在拓展市场及跟上时代的步伐中，万万不能丢掉这个品牌精髓。"

针对产品缺乏创新活力这一弊病，布拉沃特别聘请了两位年轻的设计天才——罗伯托·麦尼切蒂和克里斯托弗·贝里，并赋予他们明确的任务：在设计上既要保持品牌经典的英伦风雨衣形象，还要吸引年轻一代消费者的视线。

两位年轻设计师最终没有让布拉沃失望，他们不但去掉了公司已使用一百多年的"S"符号，同时还去掉了品牌标识上的武士形象，直接以驼色及黑红相间的格子来作为商标；此外，他们还先后设计出米色、海蓝色、黑色和灰黑色的格子，以加强品牌的时尚感。结果，全新产品不但比传统的格子更具现代感，同时还不失怀旧风格。

从此，新的管理团队也给公司带来了新的面貌——全新的精品设计、产品序列及广告宣传方式，令品牌终于开始重获新生。在设计新款式的同时，布拉沃还大胆决定，要推出多个衍生品牌，进入女性、儿童和配饰等高利润市场。因为此前她遗憾地发现，博柏利这个品牌在全球有着很高的美誉度，但产品却只有风雨衣、雨伞和领带等几款，其品牌附加值和产品周边丰厚价值根本没被挖掘出来。

为此，她亲自主持开发了"博柏利 Prorsum"、"博柏利 London"等系列衍生品牌，并且配合每个品牌开发出一系列的新产品线，针对不同的客户群体运

顺时针左起：博柏利 2011 春夏 Showers 系列；2011 秋冬女装系列

博柏利 2011 最新秋冬时装与配饰系列

用相应的营销组合。其中，"博柏利 Prorsum"可谓是品牌阵容中最高端的一类产品。

Prorsum 的顾客只要付出比一般博柏利服装高出三成的价格，就可以定制 26 种颜色的格子风雨衣，雨衣的衣垫处还配有茄士绒或骆驼毛，极受高端消费者的欢迎。

代表英伦生活方式的"博柏利 London"，则是该品牌在全球范围内的核心品牌，它的产品序列中甚至还包括了专为儿童设计的格子童装和童伞，深受家长欢迎。

曾有人评论说："如果连你的孩子都穿名牌，那足以证明你的经济实力和生活品质，这种炫耀难道不比家长自己穿名牌更巧妙、也更高高在上？"

在品牌推广方面，布拉沃也颇有"大手笔"——1999 年，她请来英国当红名模凯特·莫斯 (Kate Mouse)，让她身着格子婚纱为品牌拍摄了一组"英伦格子婚礼"广告，在婚礼上包括新郎在内的所有嘉宾都穿着该品牌的格子服饰，所有用具也都统统是以格子来作为装饰。

结果，随着广告片的大获成功，品牌不但吸引了无数不同年龄段的消费者，而且至今仍被视为是国际广告业的一大经典。

2003 年，公司推出了以创立人 Thomas Burberry 命名的全新系列，提供了更为年轻时尚的轻便服饰，进一步将品牌打入了年轻品味一族。

除传统服装外，为顺应多元时代的到来，该品牌也将设计触角延伸到了其他领域，并将不变的经典元素注入其中，让传统的英式尊贵个性与生活品味继续蔓延，获得了崭新的生命与气息。

此外，公司包括男士香水系列、饰品及其他时尚精品在内的一系列杰作也开始在国际化大环境下渐渐引领时尚趋势潮流。2010 年 7 月，公司宣布针对中国市场所推出的庞大发展计划——公司将收购分布在中国 30 个城市的 50 间特许经营店，整个计划将涉及 8 300 万欧元。

公司现任 CEO 安琪拉·瓦伦茨在接受美国《女性时尚日报》采访时这样表示："这是我们近年间最大的一场交易。"按照公司的发展目标，中国市场的零售店数量将会增加一倍，继中东、印度和巴西之后，中国终于也成为这家英国品牌的主要市场。

今天，该品牌正在通过不断提升品牌设计和创新图饰来提高自己梦寐以求的吸引力，将其经典的感性与现今的时代性完美结合，在时尚中注入品质，开辟了一股永恒而又经典的英伦风潮！

CERRUTI 1881

素有"意大利时装之父"美誉的 Nino Cerruti 曾说过:"当男人穿上西装时,它应该看起来更像是位重要的头面人物。"对于 Cerruti 先生所作出的此番解释,或许正说明了这家品牌之所以能够名扬四海的最主要原因。

Cerruti 1881,完美融合了创始人家族姓氏及创始年份。这个从精致高级面料起家、现已成为意大利男装业鼎鼎大名的代表品牌,严谨中透露着自然,以流畅的线条和舒适的视觉及穿着感受而闻名于世。事实上,早在 1957 年时,Cerruti 就已经推出了男装品牌 Hitman,但 1967 年诞生于巴黎的 Cerruti 1881,或许才是其品牌设计理念的完美体现。对于传统的忠实遵循和不断拓展,最终奠定了品牌划时代的伟大地位。

Cerruti 1881 男装以流线型的设计风格带给人们前所未有的惊喜;不但款形时刻紧随时尚,在剪裁上更是将意大利式的手工传统、英式的色彩配置和法式的成品风格完美糅合,融入了一种经典而又新鲜的独特品味。除了男装之外,同一品牌线的时装和香水同样也是蜚声业界、享誉已久。而瑞士手表系列,可谓是这个大家族中极具潜质的名门新贵,它继承了品牌一贯清逸典雅的设计,运用高度精确的瑞士制表技术精制而成,含蓄、高雅、矜贵,贯彻着品牌张扬品质的传统。此外,这个国际品牌还洋溢着好莱坞所独有的傲人风采,象征着声誉、财富与个人风格。

该品牌给予大众的,永远都是那份优雅气质!即便你尚未穿过它,那么也一定看过它的迷人身影。视服装如生活艺术的它,与电影业结缘近半个世纪,尤其擅长于以时装衬托出演员的鲜明形象,缔造了无数的经典角色,将"发挥穿衣者个人

Cerruti 1881 2011 秋冬形象广告以现代才俊 (Modern Heroes) 为主题

顺时针左上起：由 Nino Cerruti 先生亲自设计及发布的 1994 年秋冬女装系列；位于巴黎玛德莲广场的旗舰店以崭新面貌展示品牌含蓄内敛的奢华形象；由于第一家纺织厂拥有当地的纯净水质，可以用于清洗并为羊毛染色，是当时纺织业的重地；1967 年，品牌于巴黎心脏地带玛德莲广场开设第一间专卖店，同时成为办公室的总部；品牌由 Cerruti 兄弟共同创立，并在意大利成立第一家纺织厂

风格。这一宗旨带进了电影世界；比如说《麻雀变凤凰》中潇洒的李察·吉尔、《空军一号》里勇敢的哈里森·福特……都是借由该品牌所打造的经典银幕形象。

该品牌的成功因素有很多，最重要的一点，便是 Nino Cerruti 视服装为生活的一部分；对他而言，时尚显然不因改变一个人的独特个性，流行也不仅是设计师技巧的体现，而是一种表达自我生活态度的方法。

1881 年，意大利 Cerruti 三兄弟，斯泰法诺、安东尼奥和奎因蒂诺在家乡办了一家以生产羊毛面料为主的工厂。这家工厂发展迅速，很快便以出产精制的高品质面料而著称；1950 年，安东尼奥的孙子、当时仅 20 岁的 Nino Cerruti 进入家族生意圈，出任作为家族产业之一的"兄弟纺织品公司"总经理一职。凭借独到的眼光，他继 1957 年成功推出其首款男装成衣系列 Hitman 之后，又在 1967 年于法国巴黎开设了首家以经营男装为主的 Cerruti 1881 时装店；1976 年，该品牌首次推出女装系列，四年后，其运动装和休闲型轻便时装也正式问世。

20 世纪八九十年代，公司品牌发展渐趋多元化，由 Peter Speliopoulos 掌舵后也是更显年轻，极具 Casual Chic 味道的 Jeans 及 Arte 等系列也随之相继诞生，业务亦扩展至东南亚及中国等地。现如今，无论是高雅不凡的 Cerruti Arte，还是色彩鲜艳的 Cerruti Jeans，都仍保留着那种舒适与淡雅的风格。

作为一家享受崇高声誉的国际品牌，除了继续保持着其在服装界的领导地位外，还在香水、手表和眼镜等多个时尚配饰领域屡有建树。1978 年，公司首度推出了品牌的男用香水，随后女用香水也随之问世；由 Nino 设计的 Cerruti 香水不仅承袭了品牌一贯俊雅帅气的风格，而且也统领了时尚男性香水的潮流风尚。1999 年，Nino 获得了被誉为是"香水界奥斯卡"的 FIFI Award 年度香水包装设计大奖；而该品牌家族中的新贵手表系列，也继承了 Nino 一贯的设计风格含蓄高雅、矜贵不凡。

2001 年，掌政半个世纪的 Nino 离任，而品牌也由美国资产管理公司 Matlin Patterson 接管，同时正式委任 Nicolas Andreas Taralis 担任品牌的美术总监，及先后由 Jean Paul Knott、Jesper Borjesson 等人继任。为庆祝公司大中华地区的第一百间专门店的开幕，2010 年 11 月，公司庆祝酒会及私人晚宴于上海徐家汇港汇广场旗舰店和兰会所举办，品牌创始人 Nino 亲自出席并见证一系列当季新款服装。

1987 年进入中国市场的该品牌秉承自身伟大的品牌精神，历时二十余年便在亚洲地区成长为一家国际性的奢侈品品牌；公司目前总共在中国的一至四线城市拥有 39 家直营店，同时也仍未停下前进扩张的步伐，继续开拓中国市场。

自 1967 年开幕以来，Cerruti1881 位于巴黎玛德莲广场的旗舰店始终都秉承着品牌的优雅风尚。延续品牌对质量的执着与传统，该品牌发展出了别具一格的知性儒雅品味，充分体现出意大利匠心独具的布料工艺与巴黎时尚雅致美学的完美结合，孕育出一贯独特优雅的别样风格。

2010 年同时也是品牌迈向时尚活力的里程碑，公司特别邀请了国际知名的法国建筑师兼设计师 Christian Biecher，为玛德莲广场旗舰店换上新貌。Biecher 曾于多个国际性项目中展现其不凡的设计才华，此次品牌的巴黎旗舰店不仅在建筑设计上蜕变得更富现代感，亦为当季的时装系列注入了时尚风格，展现出这家传统品牌时尚与潇洒兼具的一面。它的秋冬系列延续了品牌的简约主义，以当代都市风格为主题，并借由布料和色彩的巧妙设计与运用，凸显出品牌一贯的意式服装细致考究和优雅气质，以棕啡、海军蓝与橄榄绿的层次变化，营造出适合任何场合的现代都市品位。此外，休闲服装系列亦流露出典型的时尚性格，在展现年轻时尚元素的同时，也贯彻了对质量的严谨追求。系列服饰着重质感与外观的强烈对比，以优质羊毛和色泽层次巧妙陪衬制成的针织外套，看起来略显粗糙，但触感却是颇为柔软舒适、玩味十足；而双色系彩色效果与图案设计配合以轻巧布料，更是令该系作品显得独特出众。

Cerruti 1881 的 2011 秋冬系列更加强调剪裁和线条。它采用优质精致的布料，配以稳重尔雅的色调，是向时尚成功男士的致敬之作。本季的重点是一款极为夺目的长身外套，防水布料令它不单可作束带大衣，更可作雨衣之用。此外套结合了两种布料的优点——炭灰色羊毛内里和军蓝色防水外罩。以此外套配衬设计典雅的高领毛衣、衬衫和贴身西裤，让时尚不凡的男士气息表露无遗。品牌紧贴欧洲的男装潮流，还在 2011 年推出一系列双襟西装。

品牌十分注重布料的质量和运用，2011 年西装采用了大量羊毛混羊绒，配以精细的人字形编织工艺。格纹衬衫、丝质领带和流苏围巾也均采用了当季的主要色调——钻蓝色，令西装布料更显精巧细致。着重生活品味的都市男士出席晚间宴会，或是走过红地毯时当然不可缺少 Cerruti 1881 的礼服。皮革衣袖、衬垫肩膊和拉链装饰令羊毛礼服外套尽展男士的非凡魅力，配衬简单的白色双领口衬衫、超贴身羊毛混金银纱西裤，更添时尚个性。

即使在平日着装上，该品牌 2011 秋冬系列也为男士设计了吸引无数艳羡目光的服饰。如宝石般的深紫色羊绒外套与其他设计同出一辙，不单外表亮丽，其精巧的工艺更仿如度身订做，解构剪裁令其更舒适轻便，例如亮丽的紫红色调与突显肩膊线条的丝质 polo shirt、腰间缀以褶缝线步的小背心，以及深橄榄

品牌 2011 秋冬系列，于巴黎玛德莲广场的旗舰店内发布

2012 春夏系列，采用一系列独特布料，部分混以金属线编织，带来闪亮光泽和丰富质感

色灯芯绒长裤配合得天衣无缝。本季最引人瞩目的非配以同款颈巾连帽的安哥拉山羊毛套头毛衣莫属，紫色段染款式夺目出众，配以全新的混灰西裤，其弹性腰位及特别增厚的腿部设计，最能突显男士品味。外型粗犷但触感幼滑的粗花呢大衣，缀以设计巧妙的皮带圈和翻起是细致羊毛的深棕色衣领等细节，令男士们繁忙的一天变得轻松愉快。单件衣饰如全新的尼龙海军大衣缀以能强调肩膊线条的兔毛衣领和皮革滚边，延续男士刚毅之风。

2012 年的男士礼服创意非凡，双排钮扣外套设计可配衬同色系金属豹纹 T 恤和带有光泽的贴身牛仔裤。该品牌在本季还设计了一系列配饰，以满足不同男士的需求，令整个秋冬系列更完备。

Cerruti1881 的西装一向以达至美学巅峰的剪裁和一丝不苟的工艺而闻名退迩，而品牌 2012 春夏系列的悠然法式风格，是对其巴黎根源的一首赞歌。穿上带着优雅书卷味的春夏新装，漫步于巴黎，展现从容而充满青春气息的自信，感觉自然、慵懒而散发低调的奢华。即使是正装服饰，带着轻微磨损的痕迹流露大胆而冷静的优雅，柔软舒适，无论在何时何地，均是最触目的时尚焦点。都市生活的稳重干练与休闲自在的品味互相结合，为传统裁缝工艺带来新鲜变革。外套化为以松软布料制成的华丽单品，外套内部的半衬里折缝以隐藏的针步固定，以先进的现代纺织制衣技术，成就微妙讲究的细节。

2012 春夏系列采用一系列独特布料，部分混以金属线编织，带来闪亮光泽和丰富质感。全套海军服以水色为基调，加上航海风腰带和印花图案，以及细致的衬衣横间条纹，营造来自海洋的深邃魅力。以混色布料制成的鱼骨纹双襟外套，配衬洗水丝绸弹性腰头长裤，利用大胆的现代设计技巧，流露出精致却轻松随意的感觉。夹层布料结合隐藏拉链，创造出令人惊喜的眩目质感，色丁布突显系列着重触感的特色，带有海藻般的光泽顺滑。2012 春夏男装，自由随心的时尚造型，展现无拘无束的不羁灵魂。

同时，品牌也再度以深具意义的 1881 系列首支男性香水创造流行，其独特的设计风格诠释了一种典雅而又浪漫的男性魅力；1881 香水是以果香为基调，融合了多种柑橘类果香，带有一种酸甜的柠檬味道，清新的气息让人仿佛穿越山林溪涧般的自在，让男人更加有型有款，充满着无限的清新与活力！

随着一款款杰作的问世，该品牌也迈入了一个全新的发展领域，同时也为这个拥有辉煌历史的著名品牌，以及 1881 等经典系列产品再度注入了非凡的划时代创意；与此同时，品牌也秉承这一宗旨，在为众多支持者带来全新观感的同时，也将会在伟大的 21 世纪，再次将品牌精神发扬光大！

COACH

在美国市场受欢迎时间最长、经营最为成功的皮革品牌之一的 Coach，代表了美式时尚中最为人称道的创新风格和传统手法，其持久耐用的品质与精湛的手工工艺在广大时尚人士群体中间一直都有着良好的口碑。

Coach 的皮革处理具有优良的传统。设计师会根据产品的质感、韧度、特性和纹理，精心挑选出最优质的皮革原料。在染桶中浸染多天后，还需经过多番严峻测试，以确保在功能和耐用度方面均符合标准。现在，尽管它有着多种不同的材质和织物，但其传统的手染皮革依然是个不可或缺的必备元素。

品牌的设计理念融合了创新的时装触觉以及现代美国的时尚态度。它坚持在每个产品上都达到最高水平的工艺，其产品大小、形状、口袋乃至于系带，都须经过一系列精心设计。公司产品的所有缝线均采用双缝技巧，选用产品标识设计的装饰品以及传统手工完成的技术，为每件产品增添了独特的风格、品质和特征。

在美国本土市场稳占领导地位的同时，公司还积极致力于扩展国际分销市场业务，吸引广大的海外消费者。目前，该品牌已在美国以外的三十多个国家开设了专门店及门市，逐步实现了其品牌的全球发展战略。

1941 年公司成立之初，是由六位来自皮革世家的皮匠师傅共同经营，而时至今日，历经了大半个世纪，它的皮革工厂仍是由技艺精巧的皮革师傅负责，他们多半都具有二十年以上的皮革制造经验，对皮革工艺充满了热爱与激情，因此对每一位 Coach 的皮匠师傅而言，它不仅仅只是一个品牌的名称，更是他们心血的结晶和承传。

Coach70 周年庆典推出的 Bleecker Embossed 系列

顺时针左上起：品牌设计师 Reed Krakoff 先生；Coach 旗舰店外观；Coach 渐进式地革新理念；Coach 的机器生产技术；Coach 的手工生产技术

1941 年，在纽约市的一间阁楼里，品牌创始人 Miles Cahn 从一个经典的美国标志——棒球手套中汲取灵感，开创了一段时装史上的辉煌篇章。他从皮革及具特色的纹路和浓重厚实的光泽中看到了其超越自身的巨大潜力。当时 Cahn 京讶地发现，棒球手套具有越用越光滑、越柔软的特性，因此他回去后就试着对皮革进行特殊处理，使之更加柔软，具有不易脱色、磨损的特性，并且只要简单地用湿布擦拭，就能保持皮件的完美如新，这样耐久便利的设计，随即便受到了广大消费者的一致喜爱！

1962 年，传奇设计师 Bonnie Cashin 加盟 Coach，并设计出首款受购物纸袋启发而来的皮包制品；1973 年，品牌经典的 Duffle Sac 皮包（水桶包）正式上市。1981 年，首家专卖店在纽约麦迪逊大街 754 号正式开张；1988 年，它首家东京专卖店开张营业。

进入 20 世纪 90 年代，公司和许多颇有历史的老牌企业一样，也遭遇到了发展瓶颈。当时产品大多具备较强的功能性、耐用性等优点，但在广告业迅速膨胀的 90 年代，却无法构建起自己独特的品牌形象。与此同时，Louis Vuitton 和 Prada 等品牌已开始凭借印象化的产品设计争夺市场，并夺走了大量原属 Coach 的市场份额，造成公司销售不仅仅停滞不前，甚至还有所倒退。

到了 1995 年，公司迎来了转机，他们迎来了一位公司历史上的伟大"救赎者"——路·法兰克弗。在他就任公司董事长兼 CEO 之后，品牌开始重新恢复活力。法兰克弗的理念是："在物质富裕、资讯发达的现代社会，单靠品质和功能性已不能满足现代消费者的需求，消费者其实更在意和追求产品的随身携带是否愉悦、是否漂亮等'情绪化'需求"。因此在上任之后，他所做的工作就是不再让品质和功能性成为产品的唯一竞争力，而是要提高产品的"情绪化需求"以增加品牌的核心实力。

上任不久，法兰克弗便请来了新的设计师里德·克拉科夫。克拉科夫提出了著名的 3F 新产品理念——Fun、Feminine、Fashionable，直接让 Coach 这家品牌看到了希望。从改变产品的原材料入手，克拉科夫的设计开始采用皮革、尼龙和布料，向市场推出轻便、色调明快的包袋。当然，刚开始的变革并不彻底而是渐进式的。因为法兰克弗认为，如果不顾一切地推行全新的设计，只会引起它固有消费者的反感。"我们要做的是在不伤害原有品牌的前提下，做渐进式的革新。"

当初在给品牌定位时，法兰克弗的见解可谓一针见血："奢侈品的入门户"。该品牌最具杀伤力的举措是，它在大商场的平均价格几乎只是其竞争对手价格的一半，此招很快便起到了立竿见影的效果。

原先人们以为，该品牌试图东山再起，必然要固执地死守高级奢侈品的路线，但是，在重塑品牌形象时，它一开始就定位于"触手可及的亲民奢侈品"。以其市场定价来看，公司处于欧洲高级品牌与中低档品牌的中间位置。以手提包的价格为例，欧洲高级品牌的手提袋约为 600 美元，而中低档品牌为 100 ～ 200 美元，它的价格则在 300 ～ 400 美元之间；这对于一向都喜欢使用高级品牌的时尚女性来说，无疑也是个能够轻松接受的大众价格。在定位准确的同时，设计师里德·克拉科夫还通过精心设计，制造出了精致时尚、色彩丰富的手包和饰品，此举也令这一品牌在人群中间更具吸引力。

在轻型手包开始越来越受到女性消费者青睐的同时，公司又推出了一系列产品来迎合这股潮流。提到时尚设计，就不得不提公司在 2001 年所精心策划的品牌标记系列产品，即将一个连锁的"C"形图案装饰在产品中。该系列产品包括有手包、帽子和饰物，实际上也是品牌推行多年的营销战略的一部分。设计师从公司积累的历史档案中精选出了这个连锁的"C"形图案。不过，它也只是作为了品牌的一个标志物，而非一个全新标识。品牌一贯的作风就是朴素求实，这种设计既迎合了当下简洁的时尚品味，又保留了原先的设计理念，在推出之后大受市场欢迎。

分销渠道优势也是令品牌迅速崛起的一项关键因素。为了提高效率，公司在 20 世纪 90 年代开始加强一体化分销渠道策略，将中高级百货公司、专业门店及 Coach 网站全部统一在一起；甚至就连邮寄和快递服务也被加入到了统一分销活动之中。2002 年初，品牌与日本住友公司合资成立了日本分公司，从 2005 年以后，品牌开始和一些有名的销售网站，如亚马逊网站、美国购物网、梅西网等开展合作，大大拓展了品牌的销售渠道，对打开市场起到了很大帮助。慢慢地，革新起到了效果，公司的销售开始渐渐回暖。质量可靠而又设计精良的 Coach 再度回到了人们的视线之中，并迅速重夺市场份额。在经历了多年的发展之后，截止到 2006 年底，该公司的市值已经接近 180 亿美元，成为了时尚品牌中的佼佼者。

在日本，公司在过去数年间一直都是增长速度最快的进口皮具与配饰品牌，已经占据了市场第二大份额；在美国，品牌还曾被誉为"最值得炫耀的名贵品牌"；在 Yahoo 拍卖搜寻中，Louis Vuitton 、Coach、Gucci 三种品牌也在关键词查询榜单中名列前茅……

时至今日，公司在美国已有超过 200 家专卖店，并在世界其他国家开设

Gwyneth Paltrow 参加品牌的 70 周年庆典活动和 Coach 的女包系列

Coach 的女包系列

了近 200 家专卖店，主要位于加拿大、法国、英国、德国、意大利、日本、荷兰、俄罗斯、阿联酋、沙特阿拉伯、新加坡、澳大利亚、新西兰以及中国台湾等众多国家和地区。与此同时，公司也极为看好中国市场，并已经在中国的北京、上海和香港等地开设了产品旗舰店及专卖店，其业务范围更是计划打入内地多座大中城市。此外，许多中外名人也是 Coach 皮包的忠实顾客，如著名歌手珍妮佛·洛佩兹、麦当娜、好莱坞偶像茱丽安·摩尔、朱莉亚·罗伯茨以及玛丽莎·托梅等，国内艺人贾永婕也曾在品牌秋冬发表会中拎着品牌全新推出的麂皮包出场，与之同时亮相的还包括有一件祖母绿条纹的大"C"Logo 包。

实际上，公司在美国只能算得上是中高档的牌子；所谓的奢侈品，只是中国所特有的现象而已。在其他国家，特别是在欧美各国，该品牌更倾向的消费群体还是年轻人，因为其售价并不算是很贵；然而其在中国的价格，就要比欧美国家高出近 50%！公司不同于其他国际品牌之处在于，它持续坚持着高成本的手工制造，也持续引进高质量原料，它一直以皮件的实用性与耐用性为本身的依归，在传统与流行间取得平衡，并且维持价位上的平实，非常适合于广大时尚名媛。

2007 年 1 月，克拉科夫先生被任命为美国时尚设计委员会（CFDA）副主席，而在此前的 2001 年及 2004 年，他更是曾被两度授予"年度最佳配饰设计师"的称号。克拉科夫在公司的职责包括：产品设计与开发、店铺设计、商品视觉效果、广告及现有市场沟通。最近，他又充当起了品牌全球平面广告的摄影师，这一兴趣的背后，蕴含了他对于艺术、建筑、书籍以及美式设计传统元素的无限热爱。早在半个多世纪前，第一款以手套鞣革制成的手袋就已经确立了品牌的经典风格，今天，它的耐用品质和独特设计更是享誉全球。

近年来，品牌已跻身为一家涵盖手袋、商务包、休闲与旅行用品、鞋类、手表、外套、手套、丝巾、太阳镜、珠宝、香水及相关配饰在内的全方位美国品牌。首屈一指的设计、平易近人的奢华、新颖的营销模式……品牌的精品店已然成为全球崇尚时尚人士的必往之地。自 1941 年以来，公司虽经历了翻天覆地的变化，但其精髓却始终未变，与众不同的耐用品质、功能和款式，也仍是构建品牌的重要基石。

今天，当初的手套鞣革仍深深根植于品牌精神之中，而种类更为齐全的皮革、织物和其他材料，也已全面融入了它的产品阵容之中；就好比当初球迷们在纽约洋基棒球场环湖贝比·鲁斯来到主场一样，今天的 Coach，依旧是那样的光芒万丈、璀璨迷人……

克莱利亚尼

CORNELIANI

作为欧洲四大一线男装成衣品牌之一，创立于 20 世纪 30 年代的克莱利亚尼无疑是意大利男士服装产业的伟大先驱。

克莱利亚尼素以西装系列为主打产品，是一家追求质量，并注重稳重和优雅风格的成熟男装品牌；克莱利亚尼专为贵气且极具品味的成功男士设计，产品阵营包括有西装、衬衫、领带、针织衫、围巾、鞋子、配件等。

款式简约而不浮华，内含高雅的材料，不经意间流露出一种典型的现代感和优雅气质；在传统克莱利亚尼形象一边加上"ID"之缩写，意味着生活中"不同时刻不同场合不同穿着"的准确定位。时尚个性化的设计风格，在高贵经典的前提下，也为克莱利亚尼增添了随性潇洒的自我诠释。休闲系列（Corneliani ID）概括了克莱利亚尼的品牌风格，将款式品味与实用性完美结合在了一起，巧妙地表现出一种强烈的现代个性，从而也大大强化并证明了品牌的市场地位。

克莱利亚尼因其独到的创意而独树一帜，同时还秉承着风尚统一的优良传统，为众多优雅绅士们编织着梦想、承载着希望，带去了欢愉。在克莱利亚尼的上乘服饰中，传统工艺与现代技术交相呼应，相得益彰。克莱利亚尼矢志不渝地在前人所选择的道路上前行，充分发掘着父辈所留下的丰厚财产。

克莱利亚尼公司于 20 世纪 30 年代由一对兄弟在意大利城市曼托瓦（Mantova）成立。克莱利亚尼最初是以手工生产风雨衣等产品而小有名气；50 年代后期，家族第三代成员令克莱利亚尼真正成为了一家在业内具有规模性、高标准的实体，以及一家真正具有国际影响力的男性时装生产公司，并以西装系列为主打，同 Zegna 和 Canali 等男装品牌并驾齐驱于欧美市场。

克莱利亚尼 2012 年春夏时装秀

顺时针左上起：克莱利亚尼家族成员；克莱利亚尼 50 周年庆典活动；品牌创意总监 Sergio Corneliani 在 2010 年秋冬时装秀秀场；精益求精的手工缝制工艺

克莱利亚尼的所有正装产品都是在曼托瓦和维多纳生产的。在整个生产过程中，产品质量受到了严格控制，服饰系列也都带有一种全新概念，即"非正式的正式"，也就是追求自由并呈现自信与典雅品位，从各个细节上体现出成功人士注重高雅的个人风格。

时装是女人的第二层肌肤，而西装对于男人而言却不仅仅只是肌肤，而是高层次高品位的完美折射、立足于职场的坚实铠甲、成功男士的典型标志，以及通向未来的自信之路。相比女士时装，无论从款式还是从色泽上来讲，西装往往都会显得有些单调而沉闷；但尽管如此，男士的着装与打扮在现如今竞争激烈的职场上，却也都起着一种举足轻重的作用——一个人的着装显然关乎到自己的职业、身份、地位，以及个人能力……

时装的世界总是风云变幻，西装却永远占据着男人衣橱中的"国王"位置，无论在正式场合，还是工作时刻，几乎所有男人都会选择穿着西装；于是，在这场无声的战役中，如何让自己立于不败之地，一套优雅时尚的西装作品，就显得尤为重要了。

除正装西服外，克莱利亚尼休闲系列作品也体贴照顾到了尊贵顾客在生活中不同时刻的外形需要，将产品的风格和穿着者的气质及情绪完美地结合起来，做到形式与实用合二为一。此系作品主要以休闲概念为主，将高科技材料与功能舒适和精致典雅融为一体。

而克莱利亚尼 Trend 时尚系列则是时间、速度、征服与创新的经典化身，是品牌超前的表现，主要是为追求生活更高品质的时尚青年男性所设计。从双行回针到口袋，从锁眼到夹里折边，克莱利亚尼都给予作品极高的重视。制作挺拔而柔韧，上装带有明显标记，裤线挺拔、色彩大方则是该系产品的另一大特色。

以双针法和电脑控制相结合并取长补短，是克莱利亚尼品牌最大的制作特点。设计师会在电脑的辅助下对服装进行尺寸修改，并用自动剪裁来取代裁缝手中的剪刀，与传统手工相比，这样做无疑能使西服的裁剪尺寸更加精确无误。

而对于服装的关键部位，如肩部、袖孔、过面等，也都会由经验丰富的专业手工家进行手工精心缝制，以保证关键部位穿着的贴身舒适和视觉上的完美无暇。西服显然是克莱利亚尼技术的核心，品牌会以其专利技术精心打造每套西服，经专利技术处理过的马鬃、麻、棉等天然优质原料，经过独特的工艺制作上装前部夹层，使西服穿在身上非常的贴身、柔软舒适、挺括、赏心悦目，此外克莱利亚尼的西服也非常容易打理，其外形在穿着后很快便可恢复如初。

从 1965 年第一位医学诺贝尔奖获得者穿上克莱利亚尼开始，其服饰作品精良品质，典雅大方、庄重儒雅，便很快得到了国际科学界的广泛认同；迄今为止，已经有近二十位诺贝尔奖获得者成为了克莱利亚尼的忠实客户。

与此同时，克莱利亚尼还在时尚、艺术、新闻、体育等极具广泛影响力的领域内，都获得了极高的认同度。美国著名好莱坞明星、普利策奖获得者及多位国际闻名的赛车手，都是克莱利亚尼的拥护者；福布斯集团总裁罗伯特·福布斯也经常会选择穿着克莱利亚尼的西装来作为自己出席重要会议的正装；好莱坞明星、《永远的蝙蝠侠》主演乔治·克鲁尼、《致命武器》主演梅尔·吉布森等人，也都将克莱利亚尼视作是自己的西服首选。

在 2010 年秋冬系列中，克莱利亚尼弃用犬牙织纹及威尔士王子格，回归细条纹并注重时尚的细节设计。在 New Sartorial 系列中，设计师令新季的服饰更加贴身、轮廓更为鲜明；单襟及双襟外套则设计为加长款式，并且翻领更为宽大醒目，以醒目本色重返全球时尚舞台。

彰显个性是克莱利亚尼套装的设计灵魂，将无与伦比的舒适感、美观性及轻盈感完美结合，无衬里和解构设计元素时尚前卫，量体合身。品牌主色调为中灰色与蓝色，配以醒目的细条纹设计，经典的萨克森法兰绒与人造平纹的组合缔造了双面织物，其明亮的淡色调则完美平衡了对比格调。

羊毛、棉质及羊绒混纺材质，被一并完美演绎于 Friendly 系列之中。超大号针线在同色织物的衬托下更显别出心裁，并配以轻盈、亮色调衬里，彰显奢华典雅的设计理念。Accessories 系列则演绎了截然不同的现代色调组合——丛林色调的领带、手帕及衬衫，采用铁锈色、苔绿色及蓝色点缀，为一贯正式严谨的西装平添了一道明亮与不羁。

作为男士时装的杰出品牌，克莱利亚尼在 2010 年遵循品牌的拓展计划，在短短的数周内，接连在中国新开了五家精品店，将品牌在中国的分店数量增至 16 家；其中，仅 2010 年内就新开了 9 家。

2011 年 10 月，克莱利亚尼上海大时代广场专卖店正式开业；与此同时，重庆星光 68 广场店也震撼亮相；11 月，江苏常州购物中心店揭幕；12 月，克莱利亚尼又开设了另外两家约 200 平米大型精品店，分别位于浙江宁波和安徽合肥，从而进一步提升了品牌的国际声望。

所有这些精品店都与米兰大都市街旗舰店的概念与风格保持了一致，同时也都是公司创意总监瑟尔乔·克莱利亚尼先生和桥梁建筑研究所合作的完美结晶；从一系列独有的精致面料，到提供个性化的款式设计和细节处理，为顾客呈现出独有、专属的私人服装阵容。

左起：克莱利亚尼量身定制服务；2011 年秋冬配饰系列

克莱利亚尼 2011 年秋冬时装秀

克莱利亚尼 2011 春夏系列色彩灵感主要来源于四大要素：空气、水、土地、火。该系分为三大主题：Jersey、New Sartorial、New Sartorial Light，由浅至深再至亮蓝、浅灰蓝以及较深的色调，分别代表了一种古典而又永恒不变的气息；青绿色与一系列深蓝色主调的绝美融合，则给人以一种夏季水气的清新感觉。

　　目前，克莱利亚尼在意大利境外另有两家欧洲工厂，主要负责生产公司的二线产品。在品牌诞生地的工厂也已成为克莱利亚尼研制最优秀产品的核心基地。克莱利亚尼如今已在全球拥有 1 500 多家店铺，年产各式高档西服西裤及服饰品 115 万件；无论过去还是现在，克莱利亚尼的西服制品一直都被意大利服装界公认为是高品质、精做工的经典象征。

　　克莱利亚尼的服装品质之所以高于其他无黏合衬工艺的企业，是由于它不但保留了意大利的传统制衣法，同时在特殊的部分仍会借助机器化生产过程；克莱利亚尼的产品集独特创意与美感于一身，并随着意大利时尚潮流的不断演变而日益更新。经过多年的发展，克莱利亚尼高标准的生产和设计水平已经赢得了国际著名设计师和品牌公司的青睐，如著名的顶尖品牌 Ralph Lauren，就曾授权克莱利亚尼为其生产 Ralph Lauren 西服，体现出这家品牌所拥有的一流国际地位。美国最著名的奢侈品百货商店 Saks Fifth Avenue，几乎已经囊括了所有顶尖的国际品牌，而它所自创的 Saks Fifth Avenue 品牌西服作品，也正是克莱利亚尼和 Saks Fifth Avenue 结合的完美体现。

　　历经七十多年的辛勤耕耘，克莱利亚尼家族已经从一个手工作坊逐步发展为一家市场覆盖全球各地的集团企业，产品销往全球。品牌始终都强调服饰的整体与高雅，坚持以最好的呢绒绸缎、缝纫技术与柔和无暇的服装质地，赋予成功男士一种优雅而深邃的气质和内涵。

　　克莱利亚尼在 2011 年继续缔造出一系列超凡脱俗、低调奢华的不凡之作。包含新羊毛在内的这些织物作品，都以顶级纯质丝绸、羊绒混纺为材料，采用了柔质编织及立体效果设计；这一流行趋势的标志性代表便是运动衫，同时也引领了当代男性风格尽显的主导地位。凭借巧夺天工的精湛裁艺，上乘体面的精致面料、玲珑满目的纷繁色彩，克莱利亚尼足以让万千现代男士于人群之中脱颖而出；克莱利亚尼为顾客所带来的，是一种完全个性化的细致设计，而这，也正是该品牌得以经久不衰的最主要原因。

　　无论是商务套装、晚宴夹克还是休闲服饰，置身于世界各地的都市之中，克莱利亚尼始终都为现代绅士呈现出一种精致独到的贴身装点，以及时尚不凡的顶级创意！

DOLCE & GABBANA

创立于 1985 年的 Dolce & Gabbanna 总部位于意大利米兰，品牌发展历程充满了无穷魅力与传奇，极具意大利时尚传统文化与地中海气息。独树一帜的意式设计、超于常人的感性与默契，将 Domenico Dolce 和 Stefano Gabbana 这两位赋有伟大梦想的意大利设计师完美结合在一起，打造出这个以多元化风格而享誉国际的时尚品牌，而两位设计师也将他们的意大利精神转化为一面旗帜，并将其感性而迷人的时尚风格成功推向全球。

1958 年出生于西西里岛的 Domenico Dolce，从小便在父亲的服装店里学做设计师；具有威尼斯血统的 Stefano Gabbana 则是于 1962 年出生在米兰，他俩因在米兰一所设计公司担任设计助理而结缘。由于对巴洛克艺术风格有着同样的热情，于是两人便决定将名字结合，共同开设品牌。1985 年，Dolce & Gabbana 于米兰举办了首场女装发布会并大受好评，而这也为两人的未来合作奠定了莫大的基础与信心。

Dolce & Gabbana 的设计灵感主要来自于 Dolce 的出生地——西西里岛，他带有一种"强烈视觉感官震撼"的风格，大量使用红、黑等厚重的色彩，搭配紧绑的束腹、内衣外穿及以豹纹为主的动物图纹，呈现出强烈的对比，这种风格又被称为"新巴洛克风格"，也就是一种华丽冶艳的意大利之风。Dolce 曾说过："西西里岛一直都是我们的出发点。那里充满了无限的热情和缤纷的色彩，空气中也都充满了香味与愉悦，融合了不同地区的传统，并在此组合成一种全新的文化与视觉感受。"

除西西里岛外，两人的设计风格还深受意大利导演费里尼的影响。Dolce

Dolce & Gabbana 2011/2012 秋冬男装系列

顺时针左上起:《米兰．时尚 足球员写真集》在北京的新书发布会现场; Dolce & Gabbana 位于北京银泰中心的旗舰店; Dolce & Gabbana 北京银泰旗舰店的内部装潢; Dolce & Gabbana 为国际男模 David Gandy 出版的纪念写真集; Dolce & Gabbana 2012 春夏女装米兰时装展

表示道："设计服装其实就像是在导演一部电影，我们会幻想出一部电影的情节，然后针对这个情节设计出各种风格的服装作品。" Dolce & Gabbana 于 1986 年推出的首个自制时装系列，并第一次举办时装展"真女性"，是以电影的手法表现西里岛黑手党"黑寡妇"的设计主题。1988 年 10 月，品牌与 Domenico Dolce 的家族服装公司 Dolce Saverio 达成成衣生产协议；1989 年 4 月，Dolce & Gabbana 首次在东京举办女装展，将西西里风情的设计风格带到日本这个带领亚洲潮流的时装舞台，同年 7 月，Dolce & Gabbana 推出首个内衣及泳装系列。随后在 1990 年 1 月便推出首个男装系列，并于 4 月在纽约举行首次男女时装展。

除了与 Genny 集团达成 Complice 系列时装协议外，Dolce & Gabbana 还致力拓展其销售网络，陆续于纽约、米兰、香港、新加坡、台北，以致首尔开设专卖店。Dolce 曾讲过："我们最关心的，是创造出最好的作品，而不是一味地追逐时髦……"在品牌创业之初，Dolce & Gabbana 不但拒绝将产品交付给大成衣代工生产，并坚持自己制版、裁制样品、装饰配件及所有服装。而在时装展中，还只聘用非职业模特儿参加走秀。这对于当时讲究排场的国际时装界而言绝对是相当的独树一帜。

除了拥有鲜明风格外，Dolce & Gabbana 更代表了一种独特的生活方式——它用年轻人的语言，大胆地尝试各种素材和外形为乐。 Dolce & Gabbana 生活在没有地域界限的当代大都会，并从中汲取灵感，将其转化为极富设计感与内涵的时装系列，一举一动都充满了讽刺反叛与特立独行的个性。

时至今日，Dolce & Gabbana 在时装界上拥有着毋庸置疑的成就，而凭借其大胆性感的设计风格，获得了众多上流贵族及明星的爱戴。常有人说，在 1997 年 Versace（范思哲）被枪杀后，时装界唯一能承继那份独特美感的，便就只有 Dolce & Gabbana。当年流行教母麦当娜的内衣外穿之举曾在 20 世纪 90 年代引起过一番剧烈骚动，而胸罩搭配黑色西装外套的组合，正是出自于 Dolce & Gabbana 之手。就以那份惊艳而言，此说法的确名副其实。

该品牌自创立以来，一直都深受好莱坞众多明星的青睐，Dolce & Gabbana 曾为不少摇滚乐歌星设计过定制服装，并无可争议地被评选为现代设计的先锋人物，先后曾担任过麦当娜、莫尼卡·贝鲁奇、伊莎贝拉·罗塞利尼、凯莉·米洛、维多利亚·贝克汉姆、安吉丽娜·朱莉等当红明星的御用设计师。同时 Dolce & Gabbana 也曾与多位著名模特儿合作，其中包括名字缩写同为 DG 的英国男超模 David Gandy。2011 年 6 月 Dolce & Gabbana 在米兰为这位爱将推出一本纪念写真集，回顾双方六年内的无数次亲密合作，收录了包括 Mariano

Vivanco、Mario Testino、Steven Klein 等多位顶级摄影师镜头下 David Gandy 的写真作品。

Dolce & Gabbana 的名字，除了在时尚界享誉名声外，更是涉足体坛，与享誉国际的意大利足球甲级队球员合作密切。自 2008 年开始享有国际威望的意式精致风格使 Dolce & Gabbana 与 AC 米兰足球队携手合作形成相得益彰的良好关系。

合作期间，品牌为 AC 米兰足球队造型，为球队和红黑俱乐部设计正式制服，使时尚与运动实现真正意义的完美互动，同时也让足球运动员超越球场上的英雄地位，晋身品牌的时尚殿堂。品牌为 AC 米兰足球队出版的《米兰时装足球运动员写真集》是一系列高雅的黑白肖像照，照片在 Milanello 训练中心拍摄。这次拍摄重点和以往多部成功著作及宣传活动上所用的照片不同，不再集中于展现球员的健美身型，而是着重展现球员的个人风格。

这些带有个人色彩的描写是摄影师 Marco Falcetta 与品牌的第一次合作，即替这些现代角斗士打造全新面貌。每位球员的成熟男士风范都在这些影像中体现得淋漓尽致。单凭球员们在照片中的衣着风格，已足以道出他们的情绪和性格，远胜千言万语。

2010 年 10 月，品牌公布效力巴塞罗那的 2009 年世界足球先生梅西，将于正式场合穿上 Dolce & Gabbana 服装。同年，Dolce & Gabbana 还成为意大利拳击队的"冠名赞助商"。品牌打造"Dolce & Gabbana 米兰雷霆"，为米兰雷霆拳击队穿上 Dolce & Gabbana 设计的官方制服：比赛服采用黑白两色，服装标志采用意大利国旗的三种颜色，拳击手名字则绣于短裤与披风上，正装则是黑色双扣西装搭配白色衬衫。

2010 年，Dolce & Gabbana 第一家多元品牌店 Spiga2 正式亮相。这不只是一间商店，也是一个让每个人投入参与的集中地。不同的文化融和成崭新的美学语言，让传统迈向未来，让时装融汇科技；让人仿如倘佯在昔日温馨的乡村小店。这个地方特别为年青人开放，成为一个交流、上网、分享讯息及投入参与店中活动的地方。

Dolce & Gabbana 2012 年春夏女装系列描绘了一出虚拟电影，故事背景是座落于意大利的南部小镇，一片歌舞升平。万事万物都洋溢一派意大利式的欢愉氛围：大街小巷的特色街灯、芳香味美的地中海佳肴、餐桌上的钩织拼花图案。番茄、茄子、节瓜、洋葱和辣椒印花让经典款式的贴身连衣裙、中空束腰连衣裙、褶皱、上衣、短裤及解构式外套生色不少。服装系列以透明硬纱或棉质制成，搭配钩织拼花图案，色调方面，以粉色系为主，如粉蓝、粉红、米色

Dolce & Gabbana 2012 春夏女装 配饰系列

Dolce & Gabbana 2012 春夏男装及配饰系列

及裸色。意粉、车厘茄、洋葱及迷你圣母像化身成肩袋、耳环、项链、手镯等配饰，进一步展现出了意大利独特的料理文化及传统的迷人魅力。

另一方面，本季手袋与鞋履则采用独特的编织塑料，仿如意大利南部小镇酒吧爱用的椅子，让人唤起与好友相聚的美妙时光。黑色针织晚宴连衣裙与外套均镶满同色系的亮丽晶石，而布满彩色水晶刺绣的蕾丝连衣裙也同样闪闪生辉，幻化成街头独具特色的装饰。最后登场的是缀有闪烁耀眼的彩色晶石刺绣的紧身胸衣，仿如夜空中绽放的烟花。

而 2012 年春夏男装系列则以"The Net"为题，并从颜色及比例的运用，带出强烈而鲜明的服装风格。Net 以不同尺寸、颜色以及素材呈现，也出现于透明或外套的洗水棉质府绸衬里、长裤、百慕大短裤、T 恤、短身外套、运动服及线衫等。除了 Net 以外，丝、马海羊毛西装的翻领、长度和结构也都有了全新的翻新，衬衫净白而雪亮，整个系列的设计风格也强烈而鲜明。

现在，Dolce & Gabbana 除了男女服饰外，更推出泳装、鞋履、包袋、男女用香水、墨镜等，以满足 Dolce & Gabbana 的追随者。Dolce & Gabbana 近年不断寻求突破，于 2011 年冬季更首度推出高级珠宝系列。Domenico Dolce 和 Stefano Gabbana 大胆采用了各种珍贵素材，包括三色黄金、红宝石、蓝宝石和珍珠，并把品牌由来已久的著名标志融入其中。品牌的珠宝系列包罗了 80 件首饰，设计风格兼收并蓄，既有华丽浮夸，也有含蓄深沉，但寻根溯源，设计仍然承传设计师一贯的灵感题材：西西里风格。珠宝系列还有漂亮时尚的手工雕刻坠饰，如锁匙、银币、心形、符号、马蹄铁等，可一连串挂在黄金吊饰手链和项链上，或是化作戒指上坠饰。珠宝系列不单是意大利制造，更是由意大利当地人亲手打造，蕴含着浓厚的意大利文化，是 Dolce & Gabbana 的心血结晶。

此外，品牌自从推出第一款专为 iPhone 设计的手机包后，就再没有停止过品牌与高科技之间的密切联姻。实用奢华，始终都是 Dolce & Gabbana 高科技手机包的经典代名词，而 2011 年早秋推出的 iPad 系列手机包，就是以精美的蕾丝材质制成，既时尚又精美。

今天，Dolce & Gabbana 已成功打入中国大陆市场，并先后在北京的王府半岛酒店、银泰中心，上海的外滩六号、恒隆广场、国际金融中心，以及沈阳、杭州、深圳和广州等城市开设了品牌专卖店，未来还会增设更多家专卖店。Dolce & Gabbana 代表着极端的时髦、充满了时尚的诱惑力，尽管在创立时间上无法与其他同类奢侈品品牌相媲美，但这家品牌却早已成为了众多好莱坞明星及时尚年轻一族们所竞相追逐的流行王国。

杰尼亚

ERMENEGILDO ZEGNA

作为现代男装中的极品之一，杰尼亚无疑是个性化与艺术性的完美组合。为了尽可能地去满足新千年中越来越多的服装个性化需求，杰尼亚本着精心雕琢的上乘面料、细致剪裁的细节处理，以及对传统工艺和现代智慧的有机结合，将男装的伟大艺术发挥得淋漓尽致。

据说，意大利拥有两条命脉，一条是不可复制的艺术成就，另一条则是引以为傲的家族企业；前者是个不朽灵魂，而后者则是个伟岸身躯。毋庸置疑，杰尼亚就是后者之中的一位佼佼者，作为世界顶级男装界的领头羊，杰尼亚集团年产 200 万米的纺织面料、35 万套服装、100 多万件运动装，以及 150 万件各式服装配件！能有如此辉煌的品牌成就，全都要归功于杰尼亚有着悠久历史的家族生产与管理方式。作为一个家族企业，杰尼亚集团的历史可追溯到遥远的 19 世纪下半期。艾麦尼吉尔多·杰尼亚 (Ermenegildo Zegna)1892 年出生于意大利阿尔卑斯山脉 Biella 地区的 Trivero 小镇，该地是当时举世闻名的纺织与面料生产基地，聚集着意大利本土最优秀的面料生产企业和工人。

1910 年，杰尼亚在 Trivero 创办了一家名为杰尼亚羊毛厂 (Lanificio Zegna) 的企业。从当时的历史环境来看，此举绝对是相当不易，因为在 19 世纪末 20 世纪初，最好的面料大多产自英格兰和苏格兰，再加上伦敦著名的裁缝街 Savile Row，英国人对当时的世界顶级面料市场显然已经实现了彻底垄断。然而早在那时，杰尼亚就定下了一个目标——通过选用最上等的原材料、引入产品和工艺创新和积极推广品牌等方式，创造出一种顶级品质的男装纺织面料。

在今天看来，那些促使集团走向成功的因素无疑是显而易见；但在百年前的

杰尼亚 2011 春夏男装

顺时针左上起：品牌创始人艾麦尼吉尔多·杰尼亚先生；杰尼亚家族第四代继承人：Gildo，Paolo 和 Anna Zegna；杰尼亚全球概念店；早在 1910 年，杰尼亚在 Trivero 就拥有一家自己的羊毛厂；Vellus Aureum 黄金羊毛；杰尼亚绿洲项目，为意大利开辟了一片特有自然环境保护区

欧洲，杰尼亚的这种想法去算得上是标新立异。紧接着，杰尼业便开始从澳大利亚及南非等原产国直接购买最上乘的原材料；此外，他还从竞争对手英国那里买来了先进的机器设备。

事实证明，杰尼亚也确实有着过人的市场洞察力与敏锐的观察力：到 20 世纪 30 年代末，杰尼亚公司已拥有 1 000 多名员工，从而也为这座依旧贫穷闭塞的小乡村带来了可观的财富及就业岗位。

杰尼亚杰出的商业头脑并不仅仅局限于自己的行业领域。他还深刻地明白要想坚持他所竭力追求的高品质，就必须要与当地社团和地区建立起一种积极融洽的合作关系。此外他还知道，一个优越的工作环境和福利制度（并不仅仅只是他自己的员工），对于一家渴望获得长期成功的公司来说，也是一个不可或缺的重要因素。

1932 年，Trivero 小镇已建有一个会议厅、一个图书馆、一个健身房、一间电影院（剧场）和一个公共游泳池。随后数年间，他还出资建造了一家医疗中心和一家托儿所。与此同时，杰尼亚还致力于改造当地的环境建设和风景美化，并建设了一条长 14 公里、连接 Trivero 和 Bielmonte 的"杰尼亚全景"公路以及一处位于海拔 1 500 米的旅游胜地。

1938 年，杰尼亚所生产的面料制品已经出口到了四十多个国家，而在这位服装大师看来，意大利悠久的文化历史应当拥有与之相当的顶级面料；于是，他更立志要将自己的产品立足于高品质的男装面料之上。杰尼亚将战略集中于从原产地收购最好的原材料，并大大提升了生产过程中的相关技术，同时也对品牌的推广力度非常看重，率先在面料上缝上了自己的品牌标签，以向世人宣告，这些精美的面料统统都是出自意大利人之手，而这一传统也一直被保留到了今天。

由于第一次世界大战与意大利擦肩而过，但英国却在这一过程中饱受战争煎熬，所有的生产均服务于军需，趁此时机，杰尼亚迅速拓展并占领了服装市场，截止到 1938 年，艾麦尼吉尔多·杰尼亚已彻底击败英国同行，在全球数十个国家开拓出自己的市场领域，而那些缝有艾麦尼吉尔多·杰尼亚标签的面料自然也就成为了人们趋之若鹜的高档产品。

1960 年，艾麦尼吉尔多·杰尼亚先生宣布退休，他的两个儿子——安吉洛·杰尼亚和奥尔多·杰尼亚继承父业。此后，两人便开始引领公司向成衣市场进军，并将男士服装的发展路线定位在了世界顶级男装市场，紧接着，公司又逐步开发出了针织、配饰和运动装系列。

1968 年，杰尼亚兄弟又在诺瓦拉开办了一间工厂，生产有神上衣和裤装系列；新系列作品一经问世，便凭借其面料的可靠性与高质量大获成功。很快，兄弟俩又开始不遗余力地开拓国外市场，首先是邻国西班牙和瑞士，随后几乎遍及全球。为了满足日益高涨的市场要求，艾麦尼吉尔多·杰尼亚又开创了"量身定制"服务，也就是为客人量体裁衣，以制作出最合身的顶级西服。量身定制服务可提供超过 350 种传统面料及 120 多种季节性织物，其色调与图案也都紧跟时尚潮流，顾客既可选择豪华精致的面料，如纯羊绒和纯羊毛，也可选择杰尼亚所特有的主打面料，如 High Performance、Trofeo 等创新式的纤维组合。各式珍贵材料交织在一起，共同营造出一种颇具成熟感的迷人魅力。

1999 年 7 月，杰尼亚集团收购了 Agnona，一家世界闻名的天然纤维高级男女成衣品牌；进入 21 世纪，集团开始由家族第四代成员掌管。2000 年 7 月，杰尼亚集团与意大利时装业巨头乔治·阿玛尼合作推出了 Armani Collezioni 男装线并持有 49% 的股份；两年后，杰尼亚又获得了 Longhi 皮具品牌所有者——Guida 公司的控股权，此后又与另一家意大利知名家族企业菲拉格慕合作，建立起一家股权各占 50% 的合资企业——Zefer，以开拓杰尼亚品牌在鞋业及皮革领域更为广泛的发展前景。

2003 年，杰尼亚全新香水系列 Essenza Di Zegna 开始投放市场，Z Zegna 香水系列也在两年后随之问世；两款产品均是由 YSL Beaute 代为销售，并获得了全球发展、生产及发行许可证。2005 年 1 月，杰尼亚又与 De Rigo 公司签订了一份全球协定——杰尼亚集团授权该公司在全球范围内生产及销售杰尼亚品牌的男士眼镜及太阳镜。

2008 年 1 月 15 日，杰尼亚集团全球总部在被誉为是意大利时装及艺术圣殿之一的"Savona-Tortona"全新揭幕。该建筑占地面积总计 8 000 平方米，由著名建筑师 Antonio Citterio 和 Gianmaria Beretta 设计完成，将杰尼亚精致、简约和典雅的设计理念与经典现代感融为一体。

全球总部设有杰尼亚集团的全球销售团队、展示厅、产品研发及销售团队。此外，总部内还设有一座 600 平方米的剧场，专门展出杰尼亚各个时期的经典产品系列，并遵循创始人艾麦尼吉尔多·杰尼亚的价值观与品牌精神，在此举办各种文化活动。内庭院周围建有占地 2300 平方米的办公区域，遍布装饰柚木，透过办公室的玻璃窗，所有美景均可尽收眼底，这一建筑堪称是 21 世纪意大利最伟大的雄伟宫殿之一。"家族致力于寻找到最宝贵的羊毛，用以编织最佳的面料，三代人为此不懈努力并延续着这一传承。"艾麦尼吉尔多·杰尼亚集团现任首席执行官 Gildo Zegna 如是说道。

2011 秋冬系列——杰尼亚为庆祝其进入中国 20 周年而特别设计的 "China Collection"

上起：杰尼亚百年纪念——第一臻品面料；杰尼亚的 MTM 量身定制服务享誉全球

的确，每一年，杰尼亚的采购人都会执着地走遍世界，挑选出最好的羊毛和粗纤维原料，比如说澳洲美利奴羊、中国喀什米尔山羊、秘鲁小羊驼和安第斯山脉骆马，都为杰尼亚的金字Logo立下了赫赫功劳。

自2003年以来，品牌开始着手打造智能服装面料，将"Elements"薄膜植入面料下方，这种材料能够全天候地自动调节，以适应体温。根据这一原理，"Elements"重现了所谓的"松果效应"——通过薄膜中气孔的开闭，在极端气候下，自动调节以保护体温。微纤维膜孔打开时，因体温升高而生成的水蒸气会散发出去；闭合时，又会与外部环境完全绝缘，无疑是一种最理想的跨季节面料。

2005年，杰尼亚再次开创了面料的新纪元，品牌专为西服设计的面料——"Traveller Micronsphere"从荷花叶中汲取灵感，拥有近乎神奇的清洁及极强的防水能力，使"Traveller"精纺面料在不影响其性能和柔软性的前提下，达到最强的防水防污功能。

"Cool Effect"面料则是专为远离太阳辐射和高温而设计。它由一整套革命性工艺整理而成，使深色面料可达到与浅色面料相同的阳光反射效果——普通深色面料仅可反射20%的太阳光线，而杰尼亚"Cool Effect"面料竟可反射80%的太阳射线，面料凉爽舒适，即便在炎热的天气下，男士也可选择深色穿着。这种处理工艺并未影响到面料的特有触感，依然维持了面料的高性能与柔软质地。

在每年更新的时装系列中，杰尼亚已经与顾客形成了一种相互信赖的稳固关系。杰尼亚对品位与品质的保证，可以在生产过程中对每一个细节进行控制。正因为品质超群，杰尼亚便开始吸引各国政界名流和众多明星的关注。当美国前总统克林顿、法国前总统密特朗、英国王子查尔斯、好莱坞影星克拉克纷纷以杰尼亚西服来表明身份时，全球追求"上进"的成功男士们对它的疯狂程度就可想而知了。作为首个进入中国市场的奢侈品品牌，1991年，杰尼亚率先在北京王府饭店开设了第一家国内专卖店；2004年7月，杰尼亚又在北京东方广场开设了500平方米的首家旗舰店；2005年4月，杰尼亚亚洲地区最大的旗舰店正式入驻上海外滩18号。至此，杰尼亚近500家风格各异的销售网络已分布于世界各地，其中有近200家是由集团直接管理的。

"杰尼亚对品质与信誉的要求几近苛刻！"曾有业内专家这样评论，"杰尼亚对品牌的建设，就像一位艺术家对待自己的作品一样，充满感情、倾尽一切。"这，才是一位真正艺术家的理想做法……

GIEVES & HAWKES

始于 1771 年的英国著名男装品牌 Gieves & Hawkes，240 多年来一直都为欧洲贵族绅士提供高贵隽永的男士服饰系列，甚得皇室推崇，并被授予皇室勋章，同时也深受金融界、法律界和商界成功人士的热烈欢迎。

严谨、正直、坚定、自信，是品牌最为明显的服饰特征，它诠释的不仅是严谨的英国绅士风格和经典的皇家典范，更带有一股正直坚毅的绅士内涵；而新款 Gieves & Hawkes 在秉承经典的基础上，更是充分吸收了现代时尚元素，使得威仪与浪漫在其间交相辉映。格纹依然是品牌的系列主角，若隐若现的大小格纹充满活力，经典也得以永存；而传统的白衬衫在点缀了暗纹和黑色的小点之后，也重新焕发出了鲜活的生命力。对于所有钟爱英式西装的现代男士来说，塞维尔街这条代表着英伦西服最高水准的街道都可谓是他们心目中的麦加圣城；而这家坐落于塞维尔街 1 号的西装品牌，自然也是国际西装水准和精神的最佳象征。

Gieves & Hawkes 其实是由两家品牌于 1974 年合并而成，它们分别为 Gieves 和 Hawkes，两家品牌都是有着 200 年以上历史的老字号。对于所有的英国服装生产商而言，无一例外地都会将"皇室御用品牌"视为是一项至高荣誉；而在这一方面，品牌绝对堪称是其中的佼佼者。在它全球各地的专卖店内，你都能找到三个大大的徽章，它们分别是由英国女皇伊丽莎白二世、其夫婿爱丁堡公爵以及威尔斯亲王所授予的皇家勋章，代表着品牌作为这三者御用服装供应商的尊贵地位。

不过，这三个徽章也并非是品牌 200 多年来所取得皇室徽章中最新的三枚，

Gieves & Hawkes 2011 秋冬系列，致力追求高雅品味与精粹工艺

顺时针左上起：位于塞维尔街一号的 Gieves & Hawkes；Gieves & Hawkes 拥有皇家授权徽章的服装店；位于英国著名塞维尔街的旗舰店；严谨的英国绅士风格和经典的皇家风范是品牌的精髓；Gieves & Hawkes 240 多年来从未间断为英国及皇室提供服装服务

因为早在 1809 年时，品牌就已经获得了第一枚皇家徽章——由英皇乔治三世亲自授予，在这之后的 200 余年间，品牌再没有停止过为英国皇室提供专属服务。

Hawkes 公司成立于 1771 年，专门制造军帽；Gieves 公司成立于 1785 年，以裁制军服而闻名。两家各具特色的公司在 1974 年合并之后，便始终都以精致裁缝手工及严谨的西服设计而闻名于世，深受国际政坛及财经界人士的青睐。尽管它是以设计英国海军制服起家，甚至在 20 世纪初还曾为中国海军设计过海军军服；不过，作为伦敦著名"裁缝街"塞维尔街上的一位成员，今天的它仍是以高贵西服制作而享誉国际。

两家品牌拥有数之不尽的光辉历史，在一次世界大战期间还曾为英国海军设计了救生背心；1922 年，Hawkes 在英国推出一系列的西装成品，并陆续推出套装、休闲服、领带、羊毛衣、皮箱和皮件等制品。尽管在经营方面获得了巨大成功，但随着二战的爆发，两家品牌也开始不约而同地遭受到严重打击。1940 年，当纳粹部队对伦敦城进行连番猛烈轰炸时，Gieves 位于老邦德街的旗舰店连同另外十余家店铺一起，被无情的战火一一摧毁。这其中，尤以旗舰店受损严重，位于老邦德街 21 号精品店地下防空室内的公司珍贵记录也都在轰炸中被尽数销毁。不过面对困境，Gieves 还是顽强地撑了过来，二战过后，公司店铺便挪到了老邦德街 27 号，同时也开始不遗余力地试图重出江湖。

进入 20 世纪 70 年代，Gieves 已经彻底从困境中走了出来，随着 Gieves 在 1974 年将 Hawkes 公司兼并，品牌也宣告正式成立。但遗憾的是，合并之后没过一年，Gieves 位于老邦德街 27 号的公司总部便再度成为了炮弹硝烟下的牺牲品，这一次的罪魁祸首换成了爱尔兰共和军；于是，公司便决定迁往塞维尔街 1 号，公司也随之正式更名为 Gieves & Hawkes。尽管出身过程一波三折，但作为一个联合实体的品牌却很快获得了巨大成功。1981 年，查尔斯王子与戴安娜王妃的"世纪婚礼"在英国如期上演，婚礼当天，潇洒的"威尔斯亲王"一身海军上将的西装装束出现在世人面前，负责提供这套定制式服装的，便是英国老牌服装制造商 Gieves & Hawkes。在此之后，品牌便进一步奠定了自己作为定制式男装品牌的龙头地位，与此同时，其触角与影响力也开始继续扩展至海外各国。1987 年，品牌在香港开设了第一家海外精品店，六年后，品牌又再度成功打入中国内地的深圳市场。

时至千禧年前后，公司开始扩大其产品的多样化服务范畴。在西服方面，品牌主要提供三类服务，分别为 Bespoke Tailoring、Personal Tailoring 和 Readyto Wear。Bespoke Tailoring，即全定制服务。经验丰富的制衣师傅首先会对顾客身体结构进行最仔细的丈量，同时询问其对于每一个西服细节的具体要求，再配合从众多优秀的面料中选择出顾客所喜欢的一款，最后再由技艺娴熟的技师手工制作完成。此时，一件量身定做、因此也是绝对合身的英式西服便可被交付至客户手中。这样的服务价格自然不会便宜，起价差不多就要49 000人民币，而且，除了在美国市场每年进行一次上门量体服务外，其他国家的顾客恐怕就要跑到英国当地的专卖店内，才能享受到如此高端精致的制衣服务了。Personal Tailoring，为半定制服务。也就是在现有西服版型的基础上，根据客户要求完成一些细节上的调整，完美程度上自然不比Bespoke Tailoring，但价格上也是便宜了许多，一般只需28 000人民币起。

Ready to Wear，也就是绝大多数顾客可以承受得起的成衣服务。虽然此类成衣注定了其不可能像定制来得那么合身，但品牌也仍旧秉持着最为优良的品牌传统，在质料、做工、细节等方面丝毫马虎不得。例如，一般服装的钮扣上都会雕刻有品牌名称，很多品牌都会采取重复环绕式布局，因此圆形钮扣自然也就没有上下之分；但它的钮扣却是非重复式的品牌名称，这也就意味着圆形的钮扣依旧有上下之分。这种近乎苛刻的做法无疑也凸现出品牌对于服装细节的重视与高度要求。

为了提高品牌的产量，一般西服多会采用较不考究的制作方式，即全前幅粘补，并在襟领处也进行粘补；其缺点是衫身不够自然，襟领也会太过死板。而它的西服作品却不同于一般，它只会在衫身前幅部分进行粘补，此外还会加上最高级的毛里针缝，以确保襟领柔软自然。每一个缝制过程也都经过了独立的蒸烫处理，以令布料与各种不同衬里互相配合定型。除此以外，品牌的西服还在肩头处加上了马尾毛。马尾毛的特性是在受到压力后可迅速还原，以保持西服原有的平顺。完美剪裁再配合蒸烫处理，令每一位穿上它的西服的现代男士都能亲身体会到一种高品质裁衣手段所特有的舒适与美观。

Gieves & Hawkes 2011秋冬系列设计师以庞廷的精彩照片为灵感，创作出以探险精神为设计灵感的新作品。这个秋冬系列着重外形剪裁与功能性，配合源自伦敦塞维尔街1号那独一无二的英式工艺技术，为现代旅行家配备多款实用但却不失奢华味道的休闲服饰及西装系列。经典外套系列为变化不定的秋冬气候提供适当保护，深蓝军褛配上针织上衣，型格触目，最适宜在冬日漫步郊野穿着的休闲服；尤如调色盘般色彩多样的的灯芯绒布料，营造出传统英式风格，配上富层次感的服装，更令探险者的配备完整无缺。具弹性且耐用可靠的小牛皮革配件系列，温暖的羊毛围巾和皮革手套，让旅行家在寒冷冬日，有自

Gieves & Hawkes 2011 秋冬系列为伟大的探险家呈献时尚服饰的关键元素

顺时针左上起：查尔斯王子与戴安娜王妃婚礼，他穿着全套 Gieves & Hawkes 订制的海军司令服饰；品牌历来一直为军队与王室人员提供优质服装；品牌为威廉王子在各场合打造服装；品牌为明星奇云史柏斯量身定制的西装

信地迎接各种挑战。而本季休闲外衣系列以海军服为主题，丰厚柔软的茄士咩围巾和毛衣，配搭军服风格的细节，线条刚劲硬朗，能抵御冷冽的伦敦冬日。休闲茄士咩鱼骨纹外套衬上棉质帆布风衣，层次效果低调活泼，不失从容优雅，加上格子衬衣，不管身处静谧郊野或是在繁忙都市中穿梭，同样舒适自在。2011秋冬系列，除了纪念斯科特南极探险100周年外，亦为庞廷卓越的摄影技术，以及那摄于100年前、令人难以忘怀的南极照片拍案称奇。

2011年11月，品牌还特别邀请了两度荣获奥斯卡金像奖奖项的著名影星凯文·斯贝西（Kevin Spacey）来到北京新地标Parkview Green芳草地，率先体验中国首幢获得美国绿色建筑协会LEED（Leadership in Energy & Environmental Design Building Rating System）铂金级预先认证的综合性商业建筑。穿着Gieves & Hawkes服装的凯文·斯贝西曾表示："当你第一次穿上像Gieves & Hawkes那样的西装时，你便会感到有如成为了英女皇麾下特工一员。"

即将成为北京艺术中心的Parkview Green芳草地，展出了一系列独一无二的艺术珍藏，包括由西班牙超现实主义艺术大师萨尔瓦多·达利（Salvador Dali）创作的42件雕塑作品，以及普普艺术家安迪·沃荷（Andy Warhol）及法国雕塑家皮埃尔·马特（Pierre Matter）的作品，同时还搜罗了中国当代艺术家岳敏君、张晓刚、陈文令等的作品。现在，Parkview Green芳草地的精品购物中心也将成为Gieves & Hawkes北京旗舰店的所在地。

Gieves & Hawkes与电影及戏剧渊源深厚，曾为影坛及剧坛诸多知名人物制作过服饰，如演员查里·卓别林、查尔斯·劳顿（Charles Laughton）、诺埃尔·科沃德爵士（Sir Noel Coward）、罗兰士·奥利花爵士、剧作家伊安·法兰明(Ian Fleming)、演员詹姆斯·斯图尔特(James Stewart)、詹姆斯·梅森(James Mason)、戴维·尼文（David Niven）、米高坚，以及肖恩·康纳利等。Gieves & Hawkes高级订制服务更为肖恩·康纳利的詹姆斯·邦德电影系列制作詹姆斯·邦德专属戏服，这些电影包括《铁金刚勇破神秘岛》、《铁金刚勇破间谍网》、《金刚大战金手指》、《铁金刚勇战魔鬼党》、《铁金刚勇破火箭岭》及《铁金刚勇破钻石党》等。

时至今日，这家英国皇室御用男装品牌依然屹立于塞维尔街1号，其中包括有度身定制工作室、品牌的设计、市场及管理层团队，负责领导英国国内的20余间分店，现已在中国大陆及香港、澳门、台湾等地开设有100间分店和专柜。沉稳而又庄重，恰到好处的张扬，高贵不凡的皇家气质……Gieves & Hawkes秉持品牌长久以来的高级制衣理念，成为各界名流出席国家级盛典的不二之选。

古驰

GUCCI

在缤纷缭乱的国际时尚界，有一家品牌的风格始终都被无数潮流人士所垂青，它时尚之余而不失高雅，豪迈之中还带着不羁，散发出无穷魅力；它，便是九十年来一直都走在潮流前沿、以独具时代感的高雅与创意，赢尽了世人赞美言辞的意大利奢侈品牌——古驰。

古驰品牌是由古奇欧·古驰（Guccio Gucci）在 1921 年于意大利佛罗伦萨创办的，成名之初便推出了一系列的经典产品，比如说古驰最著名的竹节包；随着时间的流逝，这家著名的时装屋也被世人赋予了性感特质，被誉为是现代奢华的终极之作；1970 年，古驰开始涉足香水行业，从那以后，便又相继推出了 Envy 香水、淡香水、男士香水和经典迷人的 Envy Me 2 香水等一系列畅销作品。自 20 世纪 90 年代中期以来，在时尚界呼风唤雨的品牌可谓寥寥可数，但古驰却绝对是其中最炙手可热的一家先锋代表；与很多品牌一样，在经历了一段品牌低潮期后，古驰开始逐渐回归国际主流。但事实上，古驰有着深厚的发展历史，创始人古驰先生早在 1898 年便开始在伦敦接触到各方富绅名流，并为他们的高尚品味所深深着迷。20 世纪初，意大利人古奇欧旅居伦敦和巴黎，耳濡目染下，他开始对当地时尚人士的衣着品味渐有心得；在 1921 年返回家乡佛罗伦萨后，他便开了一家专门经营高档行李配件和马术用品的商店，出售由当地最好的手工工匠所制作的精美皮具，并在上面打上了"GUCCI"的标志。仅几年时间，这家店就吸引了一大批国内外的知名客户，正是凭借这一巨大成功，古奇欧于 1938 年在罗马开了第一家分店。

二战结束后，由于原材料匮乏，古驰便在 1947 年设计出一款以竹节替代皮

庆贺 2011 年品牌创立 90 周年，推出采用新商标 G. 古驰 Firenze 1921 的 1921 系列中的 New Jackie 手袋。每件单品都讲述了一个故事，代表品牌丰富历史叙述中的一个章节

顺时针左上起: 创始人古奇欧·古驰及父母; 古奇欧的儿子之一 Rodolfo 于 20 世纪 70 年代的米兰店; 古奇欧及 Rodolfo 在佛罗伦萨 Via delle Caldaie 大街的老工作室前留影; 1980 年, 以古奇欧·古驰的首字母缩写 GG 演变成钻石纹图案, 被织入最畅销的棉质帆布旅行袋, 很快便令古驰品牌蜚声全球; 20 世纪 70 ~ 80 年代是品牌的重组期, 在佛罗伦萨附近的 Casellina 开设新工厂

手柄的提包，这一设计直至今日仍堪称经典。进入 20 世纪 50 年代，源自马鞍带的绿红绿条纹被古驰借鉴并设计为配件装饰图样，随后便成为这家品牌的又一标志设计。20 世纪中叶，古驰接连推出了竹节包、Horsebit 软鞋、Flora 丝巾等一系列经典作品，其产品的独特设计和优良材料，也成为了典雅与奢华的最佳象征，为杰奎琳·肯尼迪（肯尼迪总统的遗孀）、苏菲亚·罗兰及温莎公爵夫人等众多淑女名流所疯狂推崇。

古驰商标以绿红绿、蓝红蓝两种颜色组合为主，以区别天然皮革和染色皮革制品。与此同时，公司还以创办人古奇欧·古驰的姓名首写字母"GG"标志应用于经典菱形纹图案，将优质"GG"布用于制造手袋、配饰及衣物等高档作品。随后，印有"GG"图案及醒目红绿色调的品牌标识便开始出现在古驰的帆布公事包、手提袋、钱夹等产品之上；古驰在箱包行业已发展成为一家与法国路易威登齐名的知名品牌，同时也成为了世界各地其他制造商纷纷抄袭模仿的主要物件。1953 年，古驰的品牌声誉已是如日中天。这一年，古奇欧去世，而公司的纽约分店也在同年开张，它标志着古驰开始向全球市场出击。

20 世纪 60 年代，随着古驰伦敦、巴黎和佛罗里达棕榈滩分店的相继成立，这个代表了时尚与品位的意大利名牌终于在世界各主要市场中站稳了脚跟。60 年代末，"GG"正式成为古驰的品牌标识。1970 年，古驰的全球扩张指向远东地区，香港和东京也分别有了它的专卖店；80 年代早期，古驰的公司领导权被莫里奇奥·古驰所掌握。不过，此时古驰家族的内部纷争却影响了公司前进的步伐，古驰的品牌形象也开始逐渐走下坡路。1990 年，美国人汤姆·福特加入古驰，出任公司的女装创意总监；他的到来预示着古驰开始革命性的转变。1994 年，汤姆·福特被任命为古驰集团全产品创意总监，次年 3 月，他便推出了令品牌一时间声誉鹊起的绸缎衬衫、马海毛上衣和天鹅绒裤装，塑造出一个集现代、性感、冷艳于一身的崭新形象。

汤姆·福特大刀阔斧地整顿古驰，将这一传统品牌转变为一位崭新的摩登代言者，也令古驰成为了年轻一族的时尚代表。在 20 世纪 90 年代欧美奢侈品牌纷纷转型的风潮中，古驰在重新定义自己在时尚界的地位方面无疑做得非常成功。

汤姆·福特的加盟，使得古驰再度成为了流行舞台上最具影响力的品牌之一。他之所以具备如此高的能耐，事实上与其自身的设计信念不无关系；福特相信每位女士均有着与众不同的个性风格，他的设计除了源自个人偏好以外，同时更是应现代女性所需而设计，这是古驰之所以会风靡你我的最主要原因。

从 1994 年至今，古驰一直都是世界上最具影响力的超重量级时尚品牌之一；与此同时，它也开始逐渐将全球时尚流行界的各大优质品牌网罗门下，法国圣罗兰等一大批经典品牌也都相继成为古驰集团的家族成员。

1997年，古驰买下合作长达23年的瑞士著名表厂Severin Montres，从而完全控制了自己的钟表业务。1998年，古驰因良好的战略眼光、经营管理和财务运作，被欧洲商业新闻联盟评选为"欧洲年度最佳企业"。

1999年，古驰与法国PPR集团结成战略联盟，进而发展为意大利国内最具影响力的时尚品牌之一。今天，古驰分店已是遍布全球，产品系列涉及服饰、皮件、饰品和香水等各大领域，深受全球时尚人士的一致追捧。

品牌现任创作总监弗里达·贾娜妮（Frida Giannini）于2006年加入集团，在她的指引下，古驰的基本设计元素被重新演绎，为品牌注入了全新的时代感与新生命。为庆祝品牌成立85周年，贾娜妮设计推出了限量版手袋系列。该系列中的很多颜色、图案及质料，都是当时为85周年活动而特别设计的；从图案到款式，均在向品牌的经典设计取经。两款独家图案Bridle及Tartan Web，设计灵感均来自古驰制作马术用品的辉煌历史。这其中，Bridle图案由经典的Horsebit及马缰绳图案组成，而Tartan Web则印有品牌著名的红绿Web条纹图案，鲜艳夺目。另外，部分手袋还选用了鳄鱼皮和蟒蛇皮等名贵皮革制成、质地极为精细。

而Flora则被重新应用在古驰一系列销量最高的产品之中，包括手袋、鞋和手表。目前古驰的皮革产品及成衣，依然保持了100%的意大利制造，这也是品牌一直以来的一个最大特色。流传于古奇欧·古驰时期的精致质量与工艺技术，被品牌的专业工匠们一成不变地保持着，其中有许多更是代代相传的古驰忠实匠师。

除了时装皮具外，古驰还在近期推出了一系列首饰以及与之相配的礼品盒系列；作品秉承了品牌出众的工艺及质素，无论在选材、细节及手工艺上，都追求着一流的奢华实质。细致精美的首饰及腕表匣外层采用了复古式鳄鱼皮或Guccissima皮革，衬里则别具匠心地采用了绒面羚羊皮。木制部分由资深专业工匠精心裁切并组装，木质的自然纹路变化展现出每件制品的独特精妙之处。此外还有多件相架、多用途公文架、书写垫、相簿、笔记簿套及记事簿作品，设计巧妙、精彩绝伦，令人耳目一新。

在过去数十年间，经典的Riva游艇无疑已成为意大利优雅细致风格的最佳演绎。它代表了华丽的生活品位，唤起对甜美生活（La Dolce Vita）年代的美好回忆。在最近一届的戛纳国际游艇展上，古驰联合顶级游艇品牌丽娃（Riva）推出了独家订制式高速游艇——Aquariva by Gucci，起价为59万欧元。古驰创作

顺时针左上起：马衔扣设计最早出现于 20 世纪 50 年代（1954 年 Horsebit 手袋）；竹节包诞生于 1947 年佛罗伦萨的设计室（1960 年 Bamboo 手袋）；源自品牌经典的 GG 缩写，以圆形轮廓和别致的推入式锁扣装饰问世的 "Jackie O" 手袋（1961 年 Jackie O 手袋）；GG 标识钻石纹图案织入棉质帆布（1954 年 GG 网球装备）；1966 年 Flora 图案的绚丽诞生（1980 年 Flora 手袋）

上起：品牌另一经典图案"La Pelle Guccissima"于 2005 年面市，以两个经典的标志 GG 或 horsebit 图案重新阐释，变出 3D 的立体效果；为庆祝古驰 90 周年推出 Aquariva by Gucci 系列游艇配饰

总监贾娜妮告诉我们，在古驰庆祝品牌成立 90 周年之际，能通过 Aquariva by Gucci 来颂扬古驰及 Riva 的伟大传统和价值，无疑显得格外有意义。

Aquariva by Gucci 的设计尊崇 Officina Italiana Design 原作的经典特色。外壳以纤维玻璃制成，并细致地漆成古驰所专有的亮白色调；而驾驶舱、甲板及顶篷的舱口处则采用了桃木材料，总共经过了二十次加工工序（涂漆和喷漆各十次），成为 Riva 经典的亮丽色泽。

座椅及顶层甲板上涂有防水纤维涂层，并饰以古驰经典的 Guccissima 印花。独特的游艇工艺更包括了船身浮线处所饰有的古驰经典绿红绿饰带，与绿水晶挡风玻璃配衬完美、相得益彰。为了配合此款游艇的诞生，古驰另外还特别推出了一系列包括皮包、手套、甲板鞋、拖鞋等在内的游艇休闲配饰，将用户的海上旅行打扮得美轮美奂。2011 年早春系列将这种简约与优雅贯穿到了极致，创作总监贾娜妮在面料的选择上致力于营造出一种轻柔朴实的独特风格，选用麻、棉、水洗丝以及创新式的优质皮革等天然经典物料，令该系作品更为柔软顺滑，更加适合于旅行携带。

同时，她还将性感而又硬朗的都会风格延伸到了色彩之上，塑造出两种截然不同而又互相补足的特殊情调。在暗沉的泥土基调、花卉图案及军绿色调上，设计师利用史丰富活泼的深色调衬托浅色调，最终迸发出一种醒目的都会活力。另一方面，经典的染印图案和夸张的兽皮印花图案（如以错视法展现的斑马图案）亦充分呈现出当年令古驰闻名于世的迷人魅力。

在款式方面，考虑到旅行的需要，贾娜妮设计的服饰均以简洁利落的修身设计为主，结合了学院制服与军装风格。风衣剪裁修身，西装模仿系带羊毛衫的设计，采用了更为女性化的针织细节；而宽松派克大衣则被大翻领和口袋贴花短身单车皮褛所取代。此系列还备有参照人体学剪裁的连衣裙及上衣，以及"降伞落"图案丝质连身裤，散发一种 Memphis Belle 空战队的气势，足以让你成为游艇船上的"古驰女王"。

2011 年 2 月，古驰时装秀为米兰时装周揭开帷幕。贾娜妮手下的古驰依旧延续着无以复加的性感风情；祖母绿、宝石蓝、黄绿的各种比例混合以及各种艳丽的暖色调，自始至终都贯穿于整个发布会现场。

今天，从服装到化妆品，从手袋到皮鞋，古驰这一古老的意大利品牌已经融入都市时尚，成为了最受现代男女一致青睐的国际化奢侈品牌之一；九十年的光阴弹指一挥间，十年之后，古驰必将会以另一番更加自信的姿态、昂首去迎接品牌传奇历史的辉煌百年！

爱马仕

HERMÈS

有一位诗人曾如是写过："未来的日子将会是一个以手工创造的世纪。"冥冥之中，这句诗似乎是写给了爱马仕，同时也写给了我们当中那些热爱奢侈品并付得起昂贵代价的成功者。

170多年来，爱马仕始终都有着一份坚持，即坚持传统、坚持手工制作、坚持家族式管理、坚持自有品牌路线、坚持对革新与进步的世纪追求、坚持赢得170多年征程中每一个节点的成功。让所有的产品都至精至美、无可挑剔，是爱马仕的一贯宗旨。爱马仕所拥有的十余个系列产品，包括皮具、箱包、丝巾、男女服装系列、香水、手表等，统统都是以手工精心制作完成！无怪乎，有人会将爱马仕的产品誉为是思想深邃、品味高尚、内涵丰富、工艺精湛的艺术大作，而爱马仕的精品也让世人得以重返传统优雅的怀抱。爱马仕品牌形象建立于其一贯的高档、高品质原则和独特的法兰西轻松品味，并在此基础上融入流行元素，这，也正是爱马仕品牌得以永具魅力的原因。保持经典与高品质，将一流工艺的制作、耐久实用性与简洁大方和优雅精美相结合，爱马仕不但是身份地位的象征，同时也被视为是一种能够让你一生永不落伍的时尚之物。

创立于1837年的爱马仕以制造高级马具起家，从20世纪初开始涉足高级服装业，19世纪五六十年代起陆续推出香水、西服、鞋饰、瓷器等产品，成为全方位横跨生活的国际品位代表。坚持自我、不随波逐流的爱马仕多年来一直保持着简约自然的风格，"追求真我，回归自然"是爱马仕永恒不变的设计目的。爱马仕品牌所有的产品均选用最上乘的高级材料，注重工艺装饰，细节精巧，以其优良的质量赢得了世人的广泛赞誉。

爱马仕橙色鳄鱼皮 Birkin 包

顺时针左上起：位于巴黎 Pantin 区的爱马仕皮制品工坊；爱马仕丝巾——PEGASE D'HERMES(爱马仕飞马)；加固的缝线，也即爱马仕著名的马鞍缝线，采用了蜂蜡亚麻线，全手工完成；爱马仕 La Maison 家居系列产品；位于巴黎福宝大道 24 号的爱马仕总店

1837 年，出生于德国、原籍法国的爱马仕创始人蒂埃里·爱马仕（Thierry Hermes）在巴黎林荫大道开设一家制造销售马具用品的专卖店，爱马仕 170 余年的伟大征程也就此拉开了大幕。事实上，近 200 年来，不仅仅是那个由六个字母所组成的商标标识没有改变，爱马仕产品的传统手工制作模式也被完美延续下来。1867 年，爱马仕凭借精湛的手工艺技术，在世界贸易大会中赢得了一级荣誉奖项；1880 年，子承父业的查尔斯·爱马仕（Charles Hermes）将店面搬至巴黎福宝大道 24 号，并在两个儿子阿道夫和埃米尔的协助下，成功拓展了欧洲、北美洲、南美洲及亚洲市场。

进入 20 世纪，爱马仕的发展规模更是如日中天，爱马仕专卖店在欧洲各国、日本和美国等地相继开业。1920 年，埃米尔正式主持爱马仕大局，这位在爱马仕发展历程中曾立下过汗马功劳的功勋人物开始登上历史舞台、大展拳脚。

早在一战爆发时，埃米尔就曾将当时还未被欧洲人认识的拉链引入法国，成为了爱马仕的独家产品；当拉链开始大行其道时，也充分证明了埃米尔精明的商业眼光和远见卓识。此外，他还创造性地将马鞍针缝制运用于其他皮革制品，除原有产品外，延续了皮包、行李箱、旅游用品、运动用品、汽车配件、丝巾皮带和珠宝首饰等作品，也都体现了爱马仕对于完美品质的承诺和不懈追求。

随后，爱马仕又在法国各主要度假胜地开设了分店，一时间，这家品牌便吸引了全球各地的游客蜂拥而至；1924 年，爱马仕正式入驻美国。埃米尔去世后，女婿罗伯特·杜迈（Robert Dumars）随之继位并与另一位女婿让·格兰德（Jean Grande）真诚合作，凭借前者卓越不凡的创造能力，爱马仕在业务发展及产品设计方面开始不断拓展。

进入 20 世纪四五十年代，爱马仕又相继研发并推出了品牌的领带系列和 Eaud´Hermes 香水；70 年代，爱马仕落户中国香港特区。1978 年，爱马仕的又一位杰出领导者让·路易斯走马上任，并与家族的其他成员携手合作，为当年已经 140 岁的爱马仕品牌注入了更多的年轻活力和创作热忱。他积极参与新产品创作，将丝织品、皮革制品和时装系列重新演绎，并将先进技术与传统工艺相结合，为爱马仕推出了一大批更具优良品质及变革性意义的全新产品。一年后，杜迈在瑞士成立了名为 La Montre Hermes 的制表分部，随后又推出了陶瓷、银器及水晶等系列作品。1987 年，为庆祝品牌成立 150 周年，爱马仕特地举办了盛大的生日庆典，杜迈将一千条银色丝巾装点在巴黎塞纳河新桥与艺术桥之间的烟花高台上，并于 1 月 24 日当天燃放了各式各样的美丽烟火，巴黎上空顿时一片绚烂，仿佛与巴黎近代史同步成长的爱马仕 150 年来一步步走过的完美历程。

与此同时，爱马仕还推出了"年题创意"——每年创意一经公布后，全球所有分部便会共同推行；1991年，爱马仕"远方之旅"活动向亚洲消费者虔诚致敬。1992年，爱马仕位于巴黎市郊的 Pantin 大厦落成开张，为设计部门及皮革工厂提供了更为宽敞的工作空间；大堂入口处摆放了一尊 Pegasus 展翅的飞马铜像，象征着爱马仕坚持产品品质、不断拓展领域、锐意进取的创新精神。

1998年，比利时籍设计师马丁·马吉拉出任爱马仕女装设计师，休闲系列手袋 Fourre-Tout 及 Herbag 随即上市；2006年3月，在领导爱马仕28年之后，杜马斯将爱马仕国际的指挥棒转交给了帕特里克·托马斯（Patrick Thomas）；2007年，170岁的爱马仕又告别了一个十年整数年轮，开始了下一个十年的漫漫征程。从一家制造贩卖马具用品的小店铺开始，经过漫长的发展过程，直到第三代接班人埃米尔，爱马仕始终都以崭新风格的品牌精神，使得爱马仕事业经历有如脱胎换骨般地茁壮成长，并确立了爱马仕独树一帜的经典风格。早在一战期间，埃米尔便远渡重洋地来到美国，亲眼目睹了马车时代的终结和汽车工业的崛起。面对现代化工业成果的强烈冲击，他当即作出了两个关键性抉择：一是将爱马仕主打商品从马鞍转到手包；二是即使改变主力商品类别，但爱马仕也仍需坚持传统的手工制作过程。

爱马仕手包精选优质皮革，坚持走高品质发展路线。据说，每个手袋的平均制作时间至少都要在13个小时左右，有些甚至需要一年半载才可制作而成，产品内侧标明了制作工匠的姓名，而客人日后如需保养维修，亦可由同一工匠负责。

这种对品牌传统的忠实传承，也间接促使了后来因王妃格蕾斯·凯丽（Grace Kelly）和女星简·伯金（Jane Birkin）而得名的 Kelly 包和 Birkin 包的相继出现，这两个皮包作品可以说是国际时尚史上知名度最高、最受欢迎的皮包作品，并且历久不衰，时至今日仍为万千消费者所追捧。

除了皮具产品外，爱马仕还有一个压阵的产品类别——丝巾。

号称每38秒钟就可以卖出一条的爱马仕丝巾，无疑是除皮具外的另一大爱马仕主流畅销商品。从1937年问世至今，爱马仕已经推出了1 000多件样式不同的丝巾款式，每年推出一个主题并结合一个故事，并从以往广受欢迎的系列主题中挑出六款，重新赋予新色彩，以保持新鲜感。也许最能说明一切的，便是其描写马类活动的各款设计，在对品牌起源表达敬意的同时，也为爱玛仕塑造了一种既创新又永恒的品牌风格。对于爱马仕的创造性，丝巾和其他配饰系列无疑最具说服力。其图案源于法国，又隶属于世界；带有纯粹的巴黎传统，又混合着多种文化精髓，爱玛仕的国际化风格内涵，都在这些作品身上表露无遗。

爱马仕 2011 秋冬男装系列

顺时针左上起：2010年"缝制时间——爱马仕皮具展"展区之三——女式皮包，皮包贵妇，如美人痣般的皮包搭扣

1937 年，由骑师外套引发灵感的第一条爱马仕丝巾诞生。爱马仕丝巾不是一片平滑的丝绸，而是带有细直纹的丝布，是在将丝线梳好上轴再编织而成，特点是不易起皱。有时，为了使丝巾更具特色，设计师还会在编织过程中加上蜜蜂和马等暗花图案。

调色师按照设计师的标志，挑选出合适的颜料，每种颜色都必须使用一个特制的钢架，运用丝网印刷原理，把颜色均匀地逐一扫在丝贴上。每一方丝巾需扫上多少种颜料，统统都要根据设计图的要求而定。

颜色决定以后，便进入了印刷环节，最后便会被裁成 90 厘米见方的丝巾。固定色彩也是一项繁琐的工作，必须经过漂、蒸及晾等程序，色彩才不会脱落。最后，工艺部门会以人手卷缝折好，直到此时，一方飘逸出众的丝巾才算彻底完成。丝网印刷的工序，本可以电脑代替，但爱马仕却坚持手工上色，卷边也不用缝纫机，而是手工缝制。对此爱马仕的理论是，一幅完美的图画，最重要的便是要有一个与之相衬的优质画框来作为搭配，这才堪称完美；由此可见，爱马仕对细节的不懈执着，也正是凭着这种对细节的关注，爱马仕最终征服了无数世人的心。爱马仕的丝贴只有 90 平方厘米这一种规格，每方爱马仕丝巾的重量，也只有 75 克。爱马仕有个不成文的规定，那就是每一年都会有两款丝巾系列问世，每个系列则有着 12 种不同的设计款式，其中 6 款为全新设计，其余 6 款则是基于原有设计而作色彩上的重新搭配。

爱马仕丝巾的制作汇集了无数精美绝伦的工艺，全部都是以里昂为基地，从设计到制作完成，必须经过严谨的七道工序，包括有主题概念、图案定稿、图案刻划、颜色组合、人手收边等等。就这样，每一条丝巾通过层层关卡，才会出现在品牌展厅的橱窗之中；一条由爱马仕生产的丝巾，就如同一件值得收藏的艺术品，独一无二、魅力四射。

爱马仕之所以能够奢侈地"居高临下"，不仅仅在于它生产了世界上第一款皮具作品，更在于其深厚内涵；近 200 年来，爱马仕的产品中也始终都融合了一种历史、艺术、文化、精神和原创。这种内涵，使得爱马仕不仅全力以赴地投身于发展手工艺术事业，更努力确保了爱马仕的手工艺传统能够代表未来的专业水平，从而以一种朝气蓬勃的活力进驻全球每一个角落，将生活品味及创作理念不断升华，在不同文化国度中激起交流的火花。170 多年的时间过去了，爱马仕仍在不断地秉承传统、着眼未来；那份对精致素材与简约美感所表现出的极大热衷、对伟大手工技术的挚爱以及那种不断求新的活力，一直都推动着爱马仕代代相传，同时也必将会始终伴随着爱马仕未来的辉煌旅程。

雨果·博斯

HUGO BOSS

感性而不张扬的德国时尚品牌雨果·博斯，从 1923 年起，这个名字就已经悄然成为国际时尚男士服装的代名词，专事出品世界顶级的高品质男装，自此以后，它始终都是国际时装界的一位主要领军者。作为一家经典的德国品牌，它一直都崇尚着这样一种品牌哲学和理念：为成功人士塑造专业形象。

1923 年，品牌创始人雨果·博斯 (Hugo Boss) 先生在梅青根镇 (Metzingen) 注册了"HUGO BOSS"这一品牌，开始生产工作服及制服。德国斯图加特南面的梅青根镇，是个只有两万人口的小镇，这里是雨果·博斯最早的工厂所在地，后来逐渐发展成为德国名牌工厂店铺最集中的一处区域。这里汇集了近四十家德国及全球各地的著名品牌专卖店，商品以服装、鞋和玩具为主，以工厂价对外出售，吸引了全球各地的大批名牌采购者。

1948 年，雨果·博斯又推出了男装和童装系列，20 世纪 60 年代更是开始生产高级成衣系列。在当时，品牌的决策者们从自己所青睐的皮尔·卡丹成衣中得到启发，从而为品牌找到了一个合适的市场定位，针对白领中产阶级，设计推出了小批量、高品质、高档次且价格适中的服装作品，很快在当地变得小有名气，品牌随之也开始走向世界。进入 70 年代，公司继而推出了高级时装及运动服系列，正式进军国际时装界。

到了 20 世纪 80 年代中期，它开始与大都市男性群体中所流行的雅皮生活品质紧密相连。那些住在高级公寓里、手持移动电话的企业管理人员，大多穿着风格硬朗的博斯西服，而雨果·博斯也在这一时期成为了企业家、商人和上班族的典型象征。雨果·博斯并不鼓吹设计师风格，完全以强力放送阳刚味道十足

博斯 Black 2011 秋冬男装系列

顺时针左上起：博斯 Black 男装及博斯 Selection 创作总监 Kevin Lobo；位于中国长春卓展购物中心的品牌专卖店；博斯 Black 女装，博斯 Orange 女装及雨果女装创作总监 Eyan Allen；品牌的生产与服务中心；精益求精的手工制作技术

对广告形象，以传达一种大众化的男性服装风格。

对于欧洲男士来说，该品牌的形象内涵无疑具有巨大的吸引力，而它在今天所荣获的现代形象理念，大概也是当年那个以工作服为生产主力的早期博斯品牌所始料不及的。博斯的男装系列分为四种颜色不同的标识，不同的标识所代表的风格也是不尽相同。博斯 Black 采用了优质面料并经精致手工工艺制作而成，完美体现出一种自信和品位，适合于在办公、外出及正式场合中穿着。博斯 Orange 为休闲服系列，它远离了工作，带有一些新鲜的、不经意的以及非传统的意味，适合于独特的个人风格，同时也保留了品牌一贯的良好质地。博斯 Green 标识则充满了智慧的细节处理和完美剪裁，贴合运动设计，适合优秀的运动人士及活跃的户外运动爱好者穿着。

博斯 Selection 2011 秋冬系列推出了新的商标，令其高雅奢华的剪裁及优质运动服的品牌形象更为突出。新标志巧妙地将 "S" 与 "B" 两个英文字母融为一体，低调含蓄地在衣领下或衬里中以重复的图案方式出现。博斯系列无论是运动服装或奢华服饰都一直展现出精细工艺。所有的西装都用珠边装饰线线步，而其他的精巧手工包括连排袖口扣眼，以及华丽的西装衬里。博斯 Selection 系列服装的形象及剪裁继续在低调地微调向前。西装外套的感觉渐渐接近经典的传统西装外套，圆肩、窄袖及高翻领的设计令整体不失时尚，各个细节结合得可谓天衣无缝。设计的重点在于展现当代经典，不论衣料及款式设计都经得起时间的考验。一系列的衬品包括鞋、袋、腰带、围巾和帽等令系列更为完善。

除男装外，博斯集团还在后来开发了博斯 Woman 女装系列，博斯 Woman 的定位主要是针对那些追求高品质、要求新形象的职业女性，她们十分注重服装的质料与裁剪，而博斯 Black Woman 系列服装也的确能够帮助女性展露出自己的自信与热情。虽然博斯的时装作品分为男装和女装，但前者却继承了德国传统的硬朗男性形象，线条醒目，且讲求对称。布料方面，它也会尽可能地避免使用高级时装中常见的丝质或雪纺等轻逸布料，以免破坏西服的笔挺衫身。经过十多次的检验过程，它的服装才会最终面向销售商，被交付至尊贵客户手中。如今，公司已在全球一百多个国家开设了数百家专卖店，被评选为国际时装界 "最值得信任的品牌" 之一。

博斯 Black 2011 秋冬男装系列将 "奢华之旅" 定为本季的主题。不凡细节设计以及流线型剪裁让系列呈现出独特的阳刚气质。新季的设计灵感来自 20 世纪的旅客，以传统剪裁将当时的简单优雅及端庄气派呈现出来，带出成熟优雅的味道。透着现代时尚气质的三件式外套是本系列的焦点：肩部线条自然流畅的单排双扣夹克搭配修身长裤。经典的人字形平行花纹图案出现在本季所有的单品设计中，比如西装外套、领部衬里、手袋和鞋履，在精致的皮革细节搭配中得到完美的提升。本季亮点之一是飞行员风格的长款双排金属扣风衣。休闲运动风格的外套、带衬里的背心和超级柔软的羊毛皮衣不可或缺；搭配带有挪威图案的厚重针织毛衣则成为系列的点睛之笔。选用仿旧皮革的机车夹克和带棒形钮扣的粗花呢无领开襟毛衣散发出一抹怀旧的气息。贴身短款则是本系列的主推款式。本季以柔软奢华的面料为主，如毛和羊毛混纺等。其他面料还包括柔软的法兰绒、软毛皮和技术混合面料。

博斯 Black 2011 秋冬女装系列以"都会艺术"为主题，以奢华面料及巧妙细节展现简洁、明确而完美的设计特色。本系列专为热爱艺术和艺术家的女性而打造洋溢着她们在日常生活中的无限创意。这种女性不但有趣而充满自信，亦十分了解自己的个性。帅气和谐的线条和工艺精湛的剪裁是系列的基础。今年秋季的必备单品非外套莫属：有些采用凌厉分明的剪裁，有的则选择自然经典的垂坠风格。本季的亮点之一是"男友款"窄腿裤搭配带有蝴蝶结的短上衣和宽腰带。另一主要造型是皮草背心配衬休闲典雅的西裤，再披上奢华的羊毛冷衫和搭以高跟鞋，缔造出优雅而精缎的造型。本季亮点尚有带有波形领的驼色晚礼服，搭配超柔软深色皮草外套，散发出无穷魅力。本季色调以深棕色、蓝色、花岗岩灰色和香草色为主；深色的靛蓝为本季增添了一抹浓郁。

博斯 Orange 2011 秋冬男装系列的设计灵感来自阿姆斯特丹旧貌：古老的建筑物、宏伟而荒废的别墅以及附近的森林。怀旧和古典的元素打造了今季博斯 Orange 系列充满现代感和都市感的造型。柔和的色彩衬托出这座城市低调而内敛的雄壮之美。系列色彩似乎相互融合，由温暖的棕色渐变到米色和灰色、淡绿色和夜幕蓝。格纹衬衫外面搭配轻盈的水洗牛仔夹克或磨毛棉双排扣厚呢短大衣，以及水洗牛仔裤；提花套头衫和针织开襟毛衣则衬上经过仿旧处理的机车夹克和窄腿牛仔裤。在一座荒废的 19 世纪别墅中，剥落的壁纸将其久远的历史展现面前。带有精美细节的经典羊毛夹克搭配松软的羽绒夹克或背心；令造型更显完美的粗旷机车靴体现出一种不修边幅的奢华之美。博斯 Orange 2011 秋冬女装系列的设计灵感同样源自于此，黑色和深蓝色、温暖的棕色和米色渐变到灰色和褪色的玫瑰红色，系列色彩配搭尽显完美。

博斯 Green 为热爱轻松摩登生活又喜爱穿着休闲服饰的时尚男女提供了一系列适合在平日以及在高尔夫球场上穿着的高档运动服饰。博斯 Green 创作管

左起: 博斯 Black 秋冬男装; 博斯 Orange 秋冬女装及男装系列

左起: 博斯 Green 男装系列; 博斯 Selection 男装系列

理资深总监 José Janga 的设计灵感来自于经典的常春藤大学着装风格和款式。凭借科技以及科学创新带来的影响力，他为这种怀旧美国式着装风格注入一丝新鲜的气息。服装中具备的各种功能，如防水接缝以及使用超级轻盈的防水面料是本季服装系列的突出亮点；一系列的 T 恤更印上独特图案，以连带的特制眼镜更可看出立体的效果。创新的水洗工艺是本季的新亮点，其特有的休闲风格为清爽利落的博斯 Green 系列注入新的活力，大型格纹、各种条纹以及北欧图案最为引人注目。另外，混合面料也在本季发挥着至关重要的作用。

配饰系列中的时尚鞋履和休闲包体现了博斯 Green 所一直追求的生活理念。带有浮雕图案的亮银色胶底鞋或蜡染小山羊皮米色系带鞋，都会让穿着者成为悠闲晚会上的焦点。配饰还包括经典的蓝色和黑色运动包（备有大小尺寸）。本季的主打色彩为不同深度的灰色、米色和黑色，这些色彩与橙红色、土耳其瓦蓝色、酒红色和黄色，共同打造出博斯 Green 特有的色彩艳丽的撞色效果；而日常休闲服装和配饰中亦运用了大量的深森林绿。

雨果 2011 秋冬男装系列以"充满艺术感的剪裁"为主题，与大都市的生活方式和视觉艺术激情不期而遇，城市和地下的艺术创作成为品牌创作总监 Eyan Allen 的灵感源泉。经典的剪裁是本季最大的亮点，比如修身夹克以单襟双扣配圆身的肩部和修腰剪裁；男士晚礼服以三扣双襟的姿态呈现。款式丰富的夹克和外套为男士抵御冬季的严寒提供了多种选择，如剪裁利落完美和散发都市风格的风衣和宽松的连帽外套等。正装与休闲在本季再次相遇：休闲剪裁的西装、修身长裤以及源自运动装的设计理念，比如以经典剪裁的连帽外套就是两者相互融合的最好体现。优质羊毛、羊毛混羊绒和皮革是本季的主打面料，在混合面料和配搭中同样扮演重要角色。

雨果 2011 秋冬女装系列将经典剪裁、创新的细节与极具个人风格的造型相结合。服装开始从清爽简约的羊毛连衣裙扩大到散发年轻气息的高级晚装。晚装采用了富有魅力的亮片织物、美丽的褶裥、奢华的皮草装饰和独特的混合面料。外套的重点单品包括一件毛皮大褛及一件羊毛或开司米羊绒混料的外套，两者的特色都是衣袖用了对比强烈的皮革衣料。整体而言，皮革在系列中扮演重要角色，不但在各设计中与其他的衣料混合使用，亦单独使用于短裙及大褛。重点色调为朴素的黑色，白色，深蓝色，灰色和骆驼色。

截止到目前，中国已成为博斯时装出口的第二大国，品牌已成功入驻上海、北京、广州等 30 多个国内主要城市，勇于开拓创新的雨果·博斯，将会以其一贯的优质、品味和华贵气质，赢得越来越多现代消费人士的一致认可。

肯迪文

KENT & CURWEN

创立于 85 年前的肯迪文，拥有源远流长的品牌历史和高贵典雅的英伦气派。品牌标志中的三狮标志，是英国帝皇李察一世的御用徽章，象征肯迪文显赫、尊贵而又荣耀的骑士精神，而品牌也始终以华贵优雅的英伦风格、高级优质的布料选材和一丝不苟的剪裁细节，在国际时尚界享负盛名。

21 世纪的肯迪文男装系列，集经典与创新元素于一身，赋予三狮图案卓越不凡的生命力，令这家广受欢迎的高端品牌历久弥新。除延续品牌对传统英式优雅气度的坚持外，肯迪文也为旗下服饰注入了更多的现代时尚元素，为一向追求品位的绅士塑造出一股充满贵气的新英伦造型，呈献出一系列散发着强烈时尚味道的行政及休闲服饰，表现出品牌对生活品味的热切追求。

肯迪文于 1926 年由埃里克·肯特（Eric Kent）与德罗西·科文（Dorothy Curwen）在英国伦敦创立。当时正值大英帝国国势最强盛之时；服装界风靡的"英伦风格"、运动项目及艺术文化，不断被输出到世界各地并大受热烈拥戴。而品牌诞生后专为各大高级私人会所及俱乐部、国家精锐军队和世界一流学府生产领带，以设计精致和用料上乘的斜纹领带而一炮走红。

位于伦敦西南面的萨里郡（Surrey）是英国板球运动的起源地，也成为日后品牌从事板球运动服饰设计及生产的灵感之源。1932 年，肯迪文首次生产的板球针织上衣，正是在萨里郡（Surrey）生产，同时，品牌已开始赞助荷里活板球队的制服，每名队员分别获赠品牌特制的板球外衣作迎新礼品。

品牌大使郭富城先生身着 2011 秋冬新装，展现出肯迪文时尚绅士的矜贵气派

顺时针左上起：肯迪文的创办人之一德罗西·科文女士；1972 年品牌被委任为 National English Cricket Team 的制服官方供应厂商达 20 年；John Harrison 于 2009 年成为肯迪文首席设计总监；肯迪文的全新概念旗舰店于 2010 年 2 月于伦敦梅费尔区开幕；肯文迪于 1982 年获御准采用英国皇室尊用徽号的三狮标志作商标；肯迪文晋升为英国最具规模的领带专门供货商之一

进入 20 世纪 50 年代，肯迪文迅速发展成为英国国内最大的领带生产商之一。由于当时盛行在领带系上徽章，品牌成为牛津大学和剑桥大学的徽章供货商。此外，他们设计的领带条纹更被印在当时最流行的 Cigarettes Card 上，成为当时炙手可热的收藏物。至 60 年代，肯迪文有史以来首次与名人、音乐家及运动明星合作，其中包括滚石乐队主音 Mick Jagger 及英国著名男星 Michael Caine。

20 世纪 70 年代初，品牌的业务由制造领带逐步拓展至多元领域，除了设计高质素的英式男士正装服饰外，休闲运动服也是品牌另一主打系列。品牌板球和橄榄球衣饰最为板球运动员所喜爱。肯迪文自 1972 年起成为英国及澳大利亚板球队的服装赞助商，更成为英国国家板球队的指定制服供应商长达 20 年，足见品牌与运动的关系渊源深远。这些骄人的成绩也让肯迪文成功地建立了属于自己的针织王国。

到了 80 年代，肯迪文再度将业务版图开拓至时装零售市场，三狮标志自此也正式成为了其注册商标，于伦敦市中心的皮卡迪利广场（Piccadilly Circus）附近的圣詹姆斯（St James's）39 号开设首间专门店，同时也成就了这家现代英伦服饰品牌的辉煌发展，亦延续了其高贵而又优雅的品牌传统。即使在市场竞争激烈的 90 年代，肯迪文依然凭着过人的实力成功打入时装零售市场，为追求优质生活品味的男士提供更全面及多元化的服饰选择，体现出真实隽永的英式设计哲学。

时至今日，由肯迪文精心制造的男装和配饰系列作品无不带有经典的运动风范，让人不禁回想起当年曾流行一时的英伦商务服装及休闲服饰。肯迪文的全新旗舰店于 2010 年 2 月于伦敦梅费尔区开幕（#2 Piccadilly Arcade, Mayfair, London）。目前，肯迪文的业务触角已遍布全球各主要国家，并在英国伦敦、中国内地和港澳台地区共开设了一百多间品牌专卖店。

肯迪文自 2010 年 7 月委任歌影双栖、荣膺两届金马奖影帝的郭富城先生为品牌大使。演出过电影《B+ 侦探》《最爱》及《全球热恋》的郭富城先生，今年夏天特别到访伦敦为肯迪文的 2011 秋冬系列拍摄宣传照片。透过英国著名时装摄影师 Minh Ngo 的镜头，品牌大使郭富城先生穿着 2011 秋冬主打服饰，包括正装、休闲服及礼服，于伦敦地标如沙威酒店（Savoy Hotel）、大笨钟、伦敦眼（London Eye）及泰晤士河，展现出肯迪文时尚绅士的矜贵气派，更彰显郭富城先生的耀眼光芒。

最近，肯迪文亦赞助郭富城先生以 VIP 车手身份参加法拉利首届亚太区挑战赛，为郭富城国际慈善基金 Unicef 筹募善款，比赛将分别在中国上海、马来西亚举行。郭富城先生亦已完成三项法拉利的车坛盛事。而由他所驾驶的战车以及身上的赛车手服装均附有肯迪文的标志，在赛道上备受瞩目。

肯迪文首席设计总监约翰·哈里森（John Harrison）于 1971 年 1 月 10 日生于英国的诺丁汉郡（Nottinghamshire），并就读于历史悠久的精英名校阿宾汉姆学校（Uppingham School）。该校引人称誉的艺术课程，成功让哈里森的创意得到充分的栽培及发挥。纵使面对要求严格的校园生活，哈里森在校时仍勇于表达自己别树一帜的个性。他低调而有力地透过处理校服的细节，将校方对服饰的规定推至极限，当中燃起的火花亦成就了他日后对时装设计的热爱。今天的阿宾汉姆学校虽然是所独立学府，却仍保留着建校时作为著名公立学校所秉持的礼节及传统。哈里森的教育背景亦为他日后的设计哲学带来正面的影响，让他能以充满玩味的时尚手法创新演绎英式的经典传统之余，亦不失气派和优雅。哈里森对艺术的热爱及对传统的重视，令他在追求设计素质永恒不朽的大前提下，同时展现出澎湃满溢的创意。为了进一步表达自己的理念及个性，哈里森其后考进伦敦著名的雷文斯本设计与传播学院（Ravensbourne college of Design and Communication）攻读时装及纺织学，并在 1993 年毕业时获得荣誉学位。

完成大学课程后，哈里森先投身以度身订制西服享负盛名的伦敦萨维尔街（Savile Row）名店 Norton & Sons 当设计师；随后他于 1997 年出任国际性时装零售商 Reiss 的首席设计师一职。2002 年，哈里森被 Gieves and Hawkes 罗致为旗下的男装部主管，他对高级男士服饰的品质要求亦提升至更高的层次。2005 年，哈里森加盟英国主要零售商之一的玛莎百货（Marks & Spencer），专责主理品牌旗下的商务系列，以及策划与外界的名设计师及名人合作的推广活动。

肯迪文是首个赞助香港赛马会 A 级赛马赛事的男士服饰品牌，而品牌于 2012 年 1 月 15 日第三年假沙田马场赞助举办"肯迪文百周年纪念短途"赛马。"肯迪文百周年纪念短途"为香港一级赛，更是城中最具人气的赛马盛事。百周年纪念短途于 1984 年 11 月 24 日首次举行，借以庆祝香港赛马会创会一百周年。百周年纪念短途杯杯身 60 厘米高、重 5 千克，现陈列于香港赛马博物馆。香港赛马会是全球规模最大的赛马机构之一，而赛马是香港人最喜爱观赏的运动项目。过去十年，马会的捐款总数超过一百亿港元，惠及香港社会各阶层，尤其是年青人、长者、病患者及伤残人士，是

肯迪文 2011 秋冬系列

顺时针左上起：石灰色纯茄士咩大楼，深炭色幼条纹三件套西服；深海军蓝色西装外套缀以海军蓝色捆边，海军蓝色拼蓝绿色条子榄球服；海军蓝色格子西装外套，蓝绿色"V"领轻身毛衣，多色条子衬衫缀以黑色并霓虹蓝蝴蝶领带，配以酒红色休闲西裤

全球最大的慈善捐款机构之一，排名与美国洛克菲勒基金会（Rockerfeller Foundation）相若。

肯迪文闻名于世的优质上乘西装历来名不虚传，而2011秋冬系列的新装更为其辉煌历史增添光彩。这次秋季重点推介西装为单襟西装外套，宽松的剪裁带来惬意的舒适感，并突显出设计师精巧的剪裁。西装外套采用中灰色的大窗格西装布料，搭配不同蓝调的衬衫、领带及口袋巾来为传统造型贯注崭新意念。

2011年最完美的幼条纹西装亦内敛低调地采用了本季最重要的颜色——紫色。西装上紫色的幼条纹，在明亮的圆点领带及淡紫色口袋巾的衬托下格外瞩目。肯迪文将传统引领到时尚的新高峰，本季所推荐的三件套套装幼条纹西服造型，一方面保留如校园风斜纹领带等经典的传统元素，另一方面亦设计了石灰色茄士咩大褛这种优雅出众的新风尚。

肯迪文一向着重传统承传，同时不忘向前远瞻，致力为男士服装注入时代触觉及惊喜巧思。2011年推出的一系列外套为贯穿不同造型的焦点所在，诚为追求品味男士必备之选。男士如出席晚上活动，首选造型自是带丝质光泽的灰色羊毛料外套配以黑色休闲西裤及多色条纹衬衫，再以醒目的圆点蝴蝶领带点缀。而日间的装扮，以带光泽的黑色棉质外套、酒红色Polo马球服及深啡色西裤自然是最佳配搭。另一型格造型则以渗透传统味道的深啡色格子外套为主，再衬以洋溢时尚品味的深紫色西裤、海军蓝色拉链毛衣及鲜明突出的白色衬衫，新旧互相辉映。

对一位英国绅士来说，他的衣橱内不但需要一系列英式传统的服饰，同时亦需拥有能充分反映其个性的服饰。衣着是一种表达自我的形式，因此肯迪文2011年亦特别为男士提供多元化的选择，目前肯迪文的服装种类主要分为男性西服、衬衫、针织毛衣、大衣、夹克、运动休闲服饰、礼服、配饰等适合于各种社交场合与生活领域的全系列服饰；而在古老悠久的温布尔登网球公开赛等众多运动比赛中，肯迪文的三狮图案标识也是随处可见。

英国古典西服的细致正是肯迪文所追求的极致，从选料谨慎繁复的182道做工、可媲美手工西服的精致，都在向世人如实表达着肯迪文"西服"系列的崇高品质。肯迪文服饰以皇家的生活方式与社交穿着为设计重点，秉持着永不妥协的品牌精神，从精密手工到细致素材，都为其赋予了永不过时的剪裁风格，尤其是西服款式更是延续了英国由来已久的古典传统设计，蕴含着无尽的尊贵与荣耀！

路易威登

LOUIS VUITTON

如果说名牌也有等级之分，那么，百年品牌路易威登绝对算得上是名牌中的名牌。这家法国品牌早年以生产旅行箱和皮包起家，近年来更是引爆了一番全球性抢购热潮，确立了自己"经典品牌"的品牌形象。

一个多世纪来，路易威登始终都将精致、品质和舒适崇尚作为自己的"品牌哲学"，而那个无人不知、永不退潮的经典花纹，更是造就了路易威登的永恒传奇，成为各时代潮流的伟大领导者。

现如今，路易威登的品牌阵容已扩展至皮具、鞋履、腕表、高级珠宝、时装和眼镜等不同领域，历经岁月的锤炼，兼具创新技术，产品质量超凡而出众；路易威登力求为尊贵顾客营造出一种家的感觉，其很多产品更是得以代代相传，而这对于一家品牌生命力的传承与延续，无疑也有着重要意义。

1837 年，出生于一个法国木匠家庭的路易·威登（Louis Vuitton）非常想去梦中的华丽王国——巴黎，但由于付不起车资，他只能徒步而行，一路上依靠打零工来维持生计。不过，路易却始终都怀有一个梦想，那就是在巴黎开一间属于自己的小店。

初期的巴黎生活还是按部就班，在一家行李箱作坊度过漫长的学徒生涯后，路易开始幸运地为法国皇室服务，并成为了一名皇家捆衣工。当时正值拿破仑二世登基，法国版图的不断扩张引起了乌婕妮皇后游历欧洲的兴趣。但是，旅行的乐趣却常会因一些小麻烦而大打折扣——皇后那些华美的衣服总是不能老老实实地呆在行李箱中。后来，穷小子路易·威登凭借自己的手艺，将皇后的所有衣装巧妙地捆绑在旅行箱内，于是，这位从乡下来的年轻人很快便得到了乌婕妮皇后的赞赏与信任。

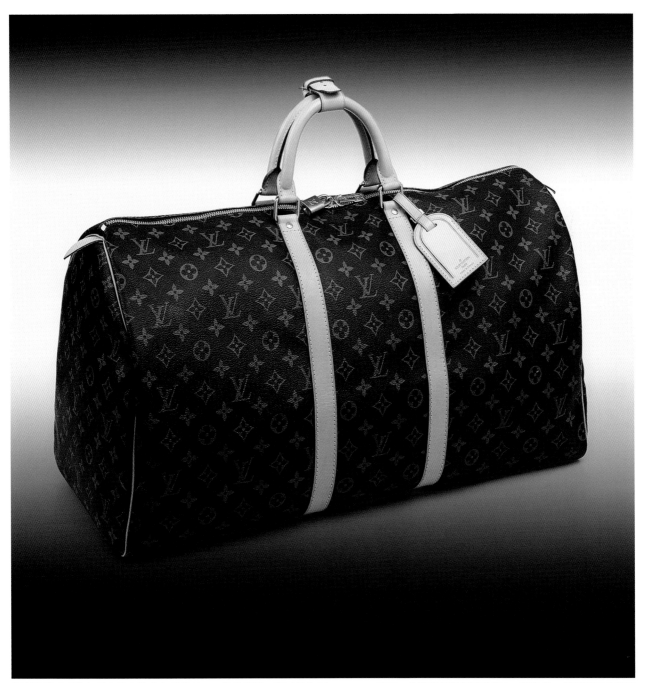

创制路易威登旅行袋中最富传奇色彩的 Keepall 旅行袋。配以经典 Monogram 图案，由圆圈包围的四叶花卉、四角星、凹面菱形内包四角星，加上重叠一起的"LV"两字 (Louis Vuitton 名字缩写) 组成独一无二的图案组合

顺时针左上起：创始人路易威登先生；路易威登家族三代与工人；佐治威登设计了采用五根制栓的防盗锁，并为该项设计注册专利；在伦敦邦德街店，开设英国首家路易威登专卖店；以精湛工艺缝制帽盒每个细节

在为皇室服务的过程中，法国旅行者们的旅途生活引起了路易的注意。当时的交通工具革命方兴未艾，乘坐火车因此也就成为了旅行者最常见的外出选择，然而这也给他们带来了很大的麻烦——不是旅行箱把衣服弄得皱皱巴巴，就是行李包在火车的颠簸中一次次摔倒。路易坚信自己能够帮助人们摆脱掉这种旅行之忧，于是便在 1854 年结束了宫廷服务工作，在巴黎创办了自己的首家皮具店，主打产品便是平盖行李箱。

这种用 "Trianon Grey" 帆布制成的箱子，很快便成为了巴黎上流社会绅士贵族们出行游玩时的首选物品。四年后，路易扩大了皮具店的生产规模，并在巴黎近郊的阿涅尔市设立了第一间工厂。在此期间，他在产品的设计与生产过程中，尤为专注于去解决旅行者的实际问题，以更为实用的设计理念为基础，在时尚和专业化方面不断深入。

1871 年，路易在 Scribe 大道上开了一家路易威登专卖店；四年后，伦敦市中心也出现了一家专卖店；公司的茁壮发展也为产品的创新提供了更为坚实的基础。路易威登的经典产品——坚硬旅行箱于 1889 年首次诞生，它尤其适应于长途旅行，为旅行者带来了更多的安心与舒适。

迄今为止，该产品仍是品牌的最大骄傲。随后，路易·威登的儿子乔治·威登（George Vuitton）便继承了品牌心灵手巧的家族传统。1890 年，乔治发明出一款特殊的锁扣——"5-Tumbler"，其最大的特点在于，只要用一把钥匙，你就可以打开自己所有的路易威登皮箱，从而避免了旅行者外出需携带一大堆钥匙的尴尬与麻烦。

就在公司逐渐树立起傲人的品牌形象时，却遭到了无数仿制者的模仿。不过这也进一步激发了乔治·威登的非凡创造力；1896 年，他创造了 Monogram 帆布，从而也将这一品牌象征打入人心。

"优秀的品牌总是充满着对未来的启示"，这句话放在路易威登的发展过程中，无疑也是再合适不过——轻巧柔韧的"Steamer"旅行袋于 1901 年首度面世，随后便成为了日后手袋作品的伟大先驱；八年后，威登家族又用丝绸和羊毛制成了 "Kashmir" 旅行毛毯，再度成为围巾和被罩的前世先驱。

1914 年，当年路易梦想中的那个小店终于出现在了巴黎香榭丽舍大道 70 号，这家店铺也是当时全球规模最大的旅行皮具专卖店。

在轮到威登家族第三代传人加士顿·威登（Gaston Vuitton）展现家族的伟大创造力时，手工艺这一传统行业已开始逐渐转化为一种现代化生产方式。加士顿和当时的欧洲艺术家来往密切，经常会邀请他们参与自己的设计过程，力图将自己所喜爱的古典元素转化为经久不衰的时尚经典；不知不觉中，品牌产品开始日渐"奢华"。当然，经营理念在 20 世纪也是格外重要。当那些著名的经典品牌一个个还在艰难前行的时候，公司的经营者们却已经开始悄然探索起一套更为先进的经营理念；1984 年，公司在巴黎和纽约股票市场同时上市，次年又成为了一家控股公司，并将旅行用品和皮具业务转至旗下的附属公司路易威登 Malletier 操作。

1987 年，公司同创立于 1743 的 Moet 香槟公司，以及诞生于 1765 年的 Hennessy 品牌，一起组成了 LVMH(Moet Hennessy Louis Vuitton) 集团；两年后，法国阿尔诺（Arnault）家族开始掌管这个世界上最大的经典品牌集团。

LVMH 集团董事长伯纳德·阿尔诺（Bernard Arnault）认为，集团之所以时至今日仍可保持旺盛活力，最主要的原因其实是："在我们这一行要想做得出色，就必须要有一种兼容水火的宽阔胸怀——因为它们是天生的对头，而设计师的创作也应当是无拘无束的。"

现在，LVMH 集团的产品主要包括五个领域，即葡萄酒及烈酒、时装及皮革制品、香水及化妆品、钟表及珠宝、精品零售，集团汇聚了高贵专业及深厚传统，目前拥有雇员六万余名，其中 70% 分布于法国境外。

事实上，150 多年的经历不仅缔造了一家传奇品牌，而它的经营者们在此期间也逐渐培养起一种独到的眼光和洞察力。1997 年，公司董事会决定聘请 Marc Jacobs 加盟，这在当年看起来的确有些冒险——Marc Jacobs 是"时尚简约主义"的典型代表，而他所倡导的简约设计理念无疑也与繁复的贵族式设计风格相距甚远。

曾有不少人以"坏孩子"来形容这位个性独特的美国服装设计师，说他作风散漫、行为怪异；然而在他的拥护者们看来，这才叫做正宗的"雅痞"，于是便将其作品奉为是天才之作，比如说其男装系列，一贯强调了浪漫、优雅、成熟老练，但在不经意间也混杂着一丝的懒惰与颓废。Marc Jacobs 此后便开始实施所谓的"从零开始"极简哲学。比如说在传统"Monogram"产品身上增添小型金属装饰。"路易威登一直都是社会地位的一大象征"，Marc Jacobs 曾这样说过，"但现在它却又变得如此的性感诱人。"

这一创意在后来为路易威登带来了数十亿美元的营业收入，得到了广大市场经理们的大力拥护——在全球时尚界，从 20 世纪 90 年代末起，占据奢侈品产业主流市场的早已不再是皇室风格，而是一种青春和活力。如今，整个奢侈品行业仍未走出萧条时期，但这家全球最大的奢侈品公司却仍被无可争议地誉

顺时针左上起：路易威登博物馆；品牌另一经典行李衣柜系列——女士储帽箱；Monogram 香槟袋为品牌享负盛名的特别订制服务作品之一；于 2000 年推出 Monogram Glace 皮具系列

路易威登 2011 秋冬系列

为是一部"赚钱机器"。与此同时，路易威登还开足马力向全球各国拓展，而中国等发展中国家更是其主要的战略要地。1998年2月，公司全球首家路易威登之家在巴黎开业，此后第二家路易威登之家也在伦敦Bond大街正式开张；同年八九月份，第三家和第四家也分别在日本大坂和美国纽约对外营业。

1999年，公司在香港中环置地广场开设了一间路易威登之家。这家店铺占地两层，店内备有全线优质皮具系列，包括旅行箱、旅行袋、皮手袋、小巧皮制品、以及崭新的男女时装和皮鞋系列等等。此外，这里还提供私人高级皮具定制服务，以满足路易威登的追随者们。

一个半世纪的时间过去了，印有"LV"标志及图案的经典帆布包，也伴随着丰富的传奇色彩和典雅设计，成为了国际时尚界之又一经典。150多年来，世界虽经历了翻天覆地的变迁，路易威登不但是声誉卓然，而今仍旧保持着一种无与伦比的独特魅力。

由路易·威登之子乔治·威登所创造的"Monogram"系列，主要以轻巧帆布制成，制作过程非常繁复，往往会经过防水氯化乙烯（PVC）涂层、印制标准图案、压纹等环节之后，才可宣布完工。此款帆布有着极佳的耐压性和耐磨损性，长久使用仍可保持不变形、不褪色，且花纹完整无缺，几乎所有的"Monogram"基本款都是以此款帆布材质制成。

此外，路易威登推出的皮夹，也须经由多达1000道不同工序；公事包在设计之初，则会在实验室内进行连续两周的不断开关测试，以考验产品的优秀品质。

路易威登2011秋冬男装系列以生活作风低碳简朴的阿米什人着装和美国当代著名导演、摄影师兼作曲家大卫·林奇的作品为设计灵感来源；设计师结合传统进行创新，推出了包括风衣、西装和皮包在内的整套系列作品。整体系列设计风格偏向时尚休闲，在布料的运用上则选择了大量带有细微光泽或暗纹的面料，在女装系列中大热的丝绒面料也被巧妙运用在了本季的男装设计中，休闲时尚而不失高贵庄重，展现出男士充满自信、随意洒脱的魅力气质。将视觉效果和手感对比鲜明的布料拼接运用，也为传统的男款西装注入了几分新意，同时也是本季系列的一大亮点所在；此外，本季系列所推出的手包和旅行箱等配件设计，也都充满着一种低调奢华的贵族气质，尤其适合于那些走在潮流尖端、乐于不断尝试突破性造型的现代精英男士。

作为上流社会的中流砥柱，在长达一个半世纪的时光中，路易威登一直都行走于时尚潮流的最前沿；代代相传的品牌精神始终未变，而以文化创意为本的发展理念也必将会在日后继续展示出更多的创造力和生命力。

MARC JACOBS

纹身、长发，一身摇滚乐手的打扮，行为不羁……有着"坏孩子"之称的 Marc Jacobs 向来都是我行我素，但这却也丝毫并未阻止他赢得"设计界知名大师"的这一伟大赞誉。当年路易威登在全世界的炙手可热，其幕后功臣 Marc Jacobs 无疑是功不可没；而现如今他已摇身一变，已经成为了其同名品牌 Marc Jacobs 以及副牌 Marc by Marc Jacobs 的领衔设计师。

每个季度，Marc Jacobs 都会推陈出新，以引领品牌不断前进。他在设计时，首先会联想到他所熟悉的某位女性，而他心目中的这些女性往往也都是极具品位，因此他在设计时便会不断设想她们会喜欢什么。为了突出现代感及一种女性之美，品牌的衣料多是以丝绸和棉等上等面料精制而成，以令成衣更加柔软，同时也会以色彩来加强这种柔美质感，保留一份都市气息，非常适合那些经常出门的现代社交女性。

Marc Jacobs 的全新灵感大多来自于巴黎，从而更成功地将纽约的动力与巴黎的奢华高贵交相融合，让服装始终都可保有一贯的贵族休闲风格。Marc Jacobs 决不会选择随波逐流，而是潜心为穿着者打造出一系列年轻而又活力的豪华服饰，他绝对拥有这种超凡的才能，足以将普通人眼中的那些寻常之物创造为一种流行时尚。

1963 年，Marc Jacobs 出生于美国纽约，是位地地道道的美国时尚设计师。早在幼年时期，祖母就曾教导他如何缝制衣物，由此也成为了他一生中最重要的启蒙导师。15 岁时，他只身来到路易威登位于纽约的前卫精品店担任采购员，并在此结识了佩瑞·艾里斯，许多年后，在评价这位早期伙伴时，他曾表示道：

Marc Jacobs 2011 秋冬系列

顺时针左上起：品牌创办人 Robert Duffy；Marc Jacobs 香港广东道旗舰店；品牌设计师 Marc Jacobs；Marc Jacobs 手袋均在意大利制革工厂及金属饰件工厂内精心打造而成

"他让我觉得很酷，同时也给了我很大的信心。"

1981 年，毕业于艺术设计高中的 Marc Jacobs 随即进入了著名的时装设计学府——帕森斯设计学院。在学习期间，他获奖无数，其中包括了知名的"佩里·埃利斯金顶针奖"，同时也成功将自己所设计的首个手织毛衫系列推向市场。1984 年，Marc Jacobs 与好友 Robert Duffy 一同成立了 Jacobs Duffy Designs Inc 公司；1986 年，他得到支持并推出了以个人名字命名的首款"Marc Jacobs"服装系列，次年更是获得了美国时装界的最高荣誉——由美国服装设计师协会（CFDA）所颁发的"最佳设计新秀奖"，23 岁的他在当年也是荣获该奖项最年轻的一位天才设计师。

1989 ~ 1992 年期间，Marc Jacobs 在佩里·埃利斯公司担任女装设计副总裁。1992 年以后，他开始专注于自己的品牌发展，后来随着 LVMH 集团购入 Marc Jacobs 的股份，他也随着 LVMH 集团的强大实力，一步步扩展了自己的品牌知名度。1993 年，Marc Jacobs 与 Robert Duffy 再此自立门户，成立了 Marc Jacobs International Company。这一回，他们选择将 Marc Jacobs 旗下的数个产品系列特许授予几家优质厂家代为生产，例如，Marc Jacobs 的鞋子就是由一家素以精湛造鞋工艺而闻名于世的意大利厂商制造的。

1997 年开始，Marc Jacobs 再攀事业高峰，他在当年接受了路易威登的邀请，出任路易威登品牌的艺术总监，负责男女装、皮鞋和小巧皮革制品的设计；至此，Marc Jacobs 成功一跃，成为了欧洲时装设计界的一位"新星"。Marc Jacobs 为路易威登设计的服装作品典雅而又简洁，改变了路易威登一贯较为沉重的设计风格，使得品牌更显年轻化，而他本人也在自己的品牌设计中体现出一种"颓废而又时髦"的设计哲学。可以说，如果没有他在 LVMH 集团的空前成功，现如今广受赞誉的 Marc Jacobs 绝不可能发展到现在这个成就。1998 年，Marc Jacobs 乘着事业高峰，在纽约开设了一间 Marc Jacobs 专卖店；2001 年，一如其显亲扬名的这一品牌一般，Marc Jacobs 又再度创立了副牌 Marc by Marc Jacobs。经过整整十年的发展，该品牌现已拥有男女装、鞋履、手袋和配饰等诸多系列作品。

Marc Jacobs 从小便形成了一种波希米亚式的放浪态度，年轻时期更是曾在纽约著名俱乐部 Studio 54 度过了很长一段时间，极为迷恋英伦新浪漫主义设计风格，同时也对薇薇安·韦斯特伍德的反叛时尚态度极为推崇；于是在后来，他便将所有这些经历，统统融入到了自己的服装系列之中。

2011 年度的美国时装设计师协会大奖"终身成就奖"，更是被授予了这位潮流先锋，以表彰他对国际时装界所作出的伟大贡献。

Marc Jacobs 的创新灵感，大多都源自生活方式与纽约截然不同的巴黎。他始终认为，时装与饰物之间的关系非常有趣，比如在 LVMH 集团工作期间，他就常会设计一些极为实用的配件，如精致的打火机皮包及香烟盒等。

Marc by Marc Jacobs 的设计灵感，来自于溜冰运动与 20 世纪 40 年代的复古造型，各式粗褶短裙与板鞋组合、宽松阔大而又极富动感的风格，始终都洋溢着一股年轻女孩的复古甜蜜味道。

20 世纪 70 年代的浪漫少女情怀，总是会在初春时期大肆流行，色彩明亮、风格飘逸的碎花布、春色无边的 Marc by Marc Jacobs 似乎正在告诉世人，春夏已经来临，是该放肆的时候了。

向来鲜艳夺目的 Marc by Marc Jacobs 系列，本季更是艳色全放，利用了大红、彩蓝、鲜黄、鲜橙及彩虹色等抢眼色彩，同时还渗入灰色、沙色、奶油色作为调和。设计方面，该系列女装围绕着 20 世纪 70 年代的浪漫与魅力，如波浪般的裙边、尽显女性腿部线条的高腰短裤、宽松飘逸的丝绸质料衬衣，再配合原创的 Simone Stripe、几何万花筒般的 Arielle Bloom、可爱的碎花 Colette Flower 三种印花图案，无不在将百变的 70 年代新浪潮风格投射到每一件产品之中。

在饰物方面，它的作品同样也延续了烂漫的少女情怀，以 Dot 柄、花花图案、彩虹横纹，并选用 PVC、尼龙织物等来作为袋身物料，此外当然还少不了一系列的 Miss Marc 饰物，看上去尤为缤纷夺目。鞋履系列则采用了清幽自然的粉彩色调、简单朴实的凉鞋款式、点到即止的藤织鞋底，统统也都是恰到好处。

Marc by Marc Jacobs 全新上架的复刻系列，则回顾了 Marc Jacobs 品牌在过往十年间的一系列经典设计，包括军装外套、签名式 Printed Tee、Marc Jacobs 本人最喜爱的抽象印花图案丝质连身裙，乃至围巾、复古彩虹皮带等配饰，应有尽有；鲜艳明快的色彩，再加上玩味十足的图案，足以教人赏心悦目。每件服饰更是都缝上了限量版吊牌，纪念价值十足！其中最为经典的，还是当属一款色彩鲜明的民族风连身裙，再搭配以草帽、凉鞋，会让你的小女人情调尽情展露，尤其适合于在炎炎夏日外出时穿着。

由 Marc Jacobs 鼎力呈现的 Daisy 香水，遵循着成熟大方、高贵典雅的设计风格，传达出一种漫不经心便可获得的非凡魅力。Daisy 香水气味清新，极具女性之美，并带有一丝丝的顽皮和可爱，时刻散发出迷人魔力，好似闪耀的花束一般。

Daisy 香水的瓶身设计可说就是奢侈感受的完美体现，一圈顽皮的雏菊花圆形金色盖子如花朵般散射开来，绝美清透的玻璃塑造出柔和圆润的边缘外形，光

Marc Jacobs 2011 秋冬女装及男装成衣系列

顺时针左上起: Marc Jacobs 2011 秋冬系列 Novelty Stams – Little Stam; 2011 秋冬系列 Quilting – Stam; 2011 春夏系列 Delray – Stam; 2011 秋冬系列 The Lindy– Mini Stam; 2010 秋冬系列 Stardust Printed Python – Stam; 2010 春夏系列 New York Rocker – Stam

滑流线型的外表给人以一种纯洁美好的感受，简直就是所有女性之美的代名词。此外，Daisy 香水的外包装设计也是独具匠心，同时也是别致享受的精髓体现。一连串的白色柔和雏菊蕾丝花边环绕在黑色纸盒周围，无可挑剔的细节设计也带来了 Marc Jacobs 品牌所特有的灵感展现。

2011 年 6 月，由加拿大流行偶像贾斯汀·比伯参与设计的第一支女性香水——"Someday" 在全球各地公开亮相。这款清新的果香调香水是作为顶级青少年偶像的 "B 宝" 为那些十几岁的女性粉丝群所倾心打造，由调香师 Honorine Blance 亲自调制而成。

不过，这款 "Someday" 女士香水无论从盛开花瓣状的瓶盖，还是淡紫色的瓶身，怎么看都与作为创造花瓣瓶香水的鼻祖 Marc Jacobs 于 2009 年所发行的那款 "Lola" 女士香水颇为相似。Marc Jacobs 显然不甘心止步于此，于是决定在 2011 年 7 月全新发售一款最新的紫罗兰香水 "Oh，Lola！" 并请来了冉冉新生的美国人气青少年偶像——达科塔·范宁为其代言。"Oh，Lola！" 同样采用了粉红色双层花瓣的华丽瓶身设计和甜蜜的果香基调，不过相比 "Someday" 系列，其最顶端的形状不是心形，而是玫瑰花瓣状。

此外，Marc Jacobs 的配饰也是一向让人心动，手袋系列将高贵时尚、大胆破格及日常实用集于一身，全新推出的 2011 春夏系列也为世人带来了更多的惊喜。新款的 Metallic Viper、Black Orchid 及 Baroque Quilting 系列，糅合大胆的设计概念及传统美；而 Delray 系列则以时尚耐用来取悦现代女性的欢心；Wellington 也为大众事业型女性提供了大方时尚的选择，必将会成为红极一时的抢购热品。而 Marc by Marc Jacobs 新一季手袋系列则以童话故事和黑色幽默为创作灵感，Miss Marc 继续以不同的趣味造型亮相现身、可爱至极；多用途的手袋方便而又时尚，无疑是秋冬搭配的必备法宝！

大大的领结、复古的眼镜，再加上斗篷和小短裤，仿佛是《哈利波特》中的魔法少年，同时也点缀着一丝英伦守旧派学员风的经典感受。Marc by Marc Jacobs 2011 早春度假系列女装，延用了 2011 年流行的亮色元素，鲜红、鲜黄的手包、腰带点缀其中，更多地强调了深浅颜色的互搭。

现如今的 Marc Jacobs 已经深深地爱上了巴黎这座 "浪漫之都"，尽管品牌创立仅有数十个年头，然而现在，奢华精美而又低调万分的 Marc Jacobs 却尤为适合于那些颇具品位和身份地位的现代人士出席各种场合，一件件绚丽非凡的时尚作品，有如一颗颗无形的珠宝一般，源源不断地为使用者增添了浓厚的高贵气质与璀璨光芒。

MONCLER

品牌的名字来自于 Monestier de Clermon 小镇的缩写，是一家总部位于法国格勒诺布尔、专门从事户外运动装备生产的知名品牌。Moncler 的故事开始于第二次世界大战期间，品牌极具传奇历史，时至今日，它在户外羽绒服业界已发展成为一家首屈一指的国际级顶尖品牌。

Moncler 的品牌 Logo 是字母"M"与一只公鸡的组合，品牌旗下分为 Moncler Gamme Rouge 和 Moncler Gamme Bleu 两个秀场系列。Moncler Gamme Rouge 为女装秀场系列，创意总监名叫 Giambattista Valli，专门在巴黎时装周上举办展示；Moncler Gamme Bleu 是男装秀场系列，专门参加米兰男装周。

半个世纪前的二战期间，法国被当时的德国纳粹占领并一分为二，在自由区内，征兵队伍被人为废除，取而代之的是一个全民参与的新兴制度，这个制度要求年轻人必须加入一个名为"Chantiers de Jeunesse"的组织。组织中的参与者则被称作"Jeunesse et Montagne"(J.M)，其总部被设在法国的格勒诺布尔，主要工作是发动人们更多地参与山地运动，同大自然保持亲密联系。

一时间，参与这一组织便成为了不少男孩子的最大梦想，同时也让三位年轻人走到了一起，这三个大男孩分别叫 Rene Ramillom、Andre Vincent 和 Lionel Terray。33 岁的 Ramillon 是格勒诺布尔地区一位知名的雪具制造商，他曾为军队服务，并负责为该组织提供必要装备；26 岁的商人 Vincent 在战前管理着一家印刷厂，当年曾是位山林守护员和滑雪教练，在 J.M 内担任总教练；22 岁的 Terray 来自格勒诺布尔地区的一个大家族，曾是阿尔卑斯山区的滑雪冠军。三个年轻人彼此敬重，怀揣着对大自然的无比热爱，在户外生活和滑雪运动中结下了深厚的友谊。

Moncler Grenoble 2011 秋冬男装系列

顺时针左上起：Moncler 集团总裁 Remo Ruffini；1954 年，品牌被选作意大利人探险古帝国遗址的装备；1968 年，品牌成为法国国家滑雪队的官方赞助商；Moncler 设计大胆，抵制盗版技术也取得显著成就；精湛的工艺使 Moncler 羽绒服誉满全球

战后，Ramillon 和 Vincent 回到法国继续从商，此后在 Ramillon 的建议下，Vincent 开设了两间运动用品店；而 Terray 则前往加拿大进行山地探险。

随着经济的起步、自然资源的短缺及个人配给的减少，不少热爱自然的法国人便开始纷纷参加更为廉价的户外露营活动。面对旺盛的户外探险需求，相关装备生产制造开始呈现疲态，为了迎合这一需求，Ramillon 和 Vincent 决定开始生产帐篷和运动用齿轮装置。

二人瞅准机会，找到一家位于小镇附近的工厂，要求对方为自己提供缝纫设备。1952 年，他们决定买下这座工厂，同年 4 月 1 日，他们又正式成立了 Moncler S.A. 公司；当时公司的运作资金仅为 800 万法郎，Ramillon 担任总裁及监制一职。第一年，公司的经营业务非常困难，不得不在动荡的市场中寻觅稳定可靠的本土客户。

而在遥远的东方，Lionel Terray 也完成了首位法国人登上珠穆朗玛峰的壮举，成为了一位世界知名的登山运动员。在回到法国之后，Lionel 迫不及待地拜访了他的两个老朋友，并热情尝试了他们的产品。在当时，Terray 尤其对一件鸭绒填充夹克倍感兴趣，而它其实是 Ramillon 做来为工厂工人抵御冬季冷水作业用的。

这件填充夹克不但保暖效果极佳，而且还活动自如，紧接着，Ramillon 和 Vincent 便从中获得启发，听从了这位登山朋友的改良建议，并邀请他担任公司的技术支持。

统一的生产质量、丰富的经验与多次试验，使得三人坚信公司完全有能力开创出一条登山服饰的成功出路。通过与 Terray 的合作，二人渐渐拓宽了公司的技术层面，产品更是涉及了露营运动的各个领域——睡袋、防护手套、鞋具、登山帐篷等等。

1954 年，意大利探险队选择穿着 Moncler 的羽绒服产品进行古蒙古帝国遗址探险活动；1955 年，法国探险队也开始穿着 Moncler 的产品前往 Makale 探险。

随着科技的发展，缆车出现了，曾经的滑雪传统也被彻底改变。此前，滑雪者通常须徒步登到山顶，因此一路上也并不会感到特别寒冷；但缆车的出现却反倒让他们开始暴露在寒风之中。在意识到自己需要制作出一种足以抵御寒冷的登山服后，Ramillon 便开始研发一种全新的登山服面料。

事实上，人造防水面料在当时根本无法保证热量充足，而鸭绒填充材质则又需要极大的购买成本，于是，Ramillon 便开始尝试着采用一些人造材料来作为替代品。最后，他选择了一种名叫"Tergal"的聚酯纤维材料，Ramillon 用这种原料填充尼龙制品制作登山服，并开始在各大运动杂志上大打广告。

1957 年，为了满足供不应求的市场销量并提高工作效率，公司迁址到原料更为丰富的格勒诺布尔；1964 年，Terray 在阿拉斯加成立了分公司。质量可靠而又值得信赖的 Moncler 羽绒制品开始被世人所渐渐熟知，在经济腾飞的 20 世纪 60 年代，公司也赞助了多项体育赛事，面向更多的群体发出邀请，而不单单只是针对运动爱好者。

1968 年，品牌成为第十届冬奥会法国国家滑雪队的官方赞助商，由长边线条组成的公鸡图案商标在此时也成为了法国队的经典标志；而它的服饰也以实际行动证明了自己的过人之处。第一件滑雪鸭绒防风服被命名为"Nepal"，它配备了两个防水皮质垫肩，以令滑雪者可以将雪具扛在自己肩上。

20 世纪 70 年代初，品牌开始集中精力专门制作滑雪填充服。事实上，70 年代同时也是滑雪运动开始大行其道的年代，1974 年，Ramillon 将公司交由女儿 Anni Charlon 打理。整个 70 年代，品牌始终都占据了运动服饰的主导地位，随着 80 年代享乐主义风潮的到来，服饰也开始被人们视为是身份地位的象征，一时间，Moncler 便成为了高质量运动服饰的代言词。

同其他国家一样，在意大利，由于 Moncler 属于进口商品，因此其羽绒夹克的售价自然也是不菲，但却仍旧是商店里抢手货。虽然品牌拥有最好的生产质量，但事实上其关税竟然也占到了总价的 70%！这便是为何品牌终端售价会如此之高的最主要原因。80 年代初，意大利购买 Moncler 的人士以高收入人群为主，他们往往也只将其用于滑雪运动。

1987 年，在公司总部附近的工业区内建立了一座全新的办公区，并开始通过增加产品系列和新生产线来占领市场。而为了获得更多的成人市场，不论是总公司还是进口商，也都不再试图去重新审视夹克服在意大利国内的地位，同时也忽略了去更新这个已开始呈现下滑趋势的市场。

随着同类产品纷纷出现于意大利及欧洲各国市场，品牌的销售开始出现明显下降，过分季节化的产品、绝对工业模式的操作，再加上不当投资，使得公司开始面临第一次的品牌经济危机。

登山装备需要经历改革，夹克棉服也应通过利用高光、完全绝缘、100% 防水等高科技面料来参与市场竞争，于是，大批零售商开始纷纷将 Moncler 的产品降价销售。1992 年，品牌终于意识到，只有精简和重组公司结构，才能让公司成功渡过难关，但此举也在后来引发了一场公司内部冲突。

很明显，重组公司迫在眉睫，但公司却无法通过内部调整或竞争来进行重组，Anni Charlon 认为，是时候找到一个外围的合作者了。

Moncler Grenoble 2011 秋冬男装、包袋及鞋靴系列。其中鞋靴系列是整个秋冬系列的点睛之笔

从英伦风格中汲取灵感的 Moncler Grenoble 2011 女装、包袋及鞋靴系列

对于这个新来者而言，既要保持所有原东家们的利益、不能迁址原厂，还需确保维持公司数目庞大的员工原始构成，使得这一变动立刻便成为了一场备受瞩目的热点案例。整个 1993 ～ 1994 年期间，重组事宜始终都是悬而未决。

最终，在 Pepper Industry 的帮助下，这场争议最终尘埃落定，随着运作方式的不断改革，从 1994 年起，户外运动服装的大门被重新打开，品牌也开始越来越多地出现于各种聚会场合。

20 世纪 90 年代末，Moncler 成为欧洲地区乃至全球最为知名的零售商之一，只有在意大利、日本、德国、澳大利亚、瑞士、英国、瑞典、挪威、丹麦的奢侈品店或运动精品店里，消费者才能购买到一件货真价实的 Moncler 服饰。

在延续了此前的重整战略计划后，品牌最终在总公司 FinPart 的支持下，得以开发出更多的产品线，全面发挥出品牌价值的潜能。1999 年，公司集结力量，带来了由 Remo Ruffini 作为创意总监的首个秀场——2000 春夏系列。在登上了所谓的大雅之堂后，Moncler 开始步入正轨，将一件件精致而又漂亮的羽绒服呈现在世人面前。时至今日，在羽绒服业界中，显然别无它物可与这只高卢雄鸡相匹敌。

2011 秋冬鞋靴系列是 Moncler 整个 2011 秋冬系列的点睛之笔——间棉漆光靴的衬里和花边由柔软舒适的羊皮制成，厚底鞋使用了皮草或羊皮，而当中的粗跟短靴也是让时尚达人们时髦过冬的最佳选择。

Moncler 2011 秋冬女装系列从英伦风格中汲取灵感，大多款式力求简洁，以黑色这种象征着自信高雅的颜色为主色调，同时还运用了大量皮草进行细节修饰，展现出 Moncler 2011 秋冬女装系列的奢华一面。

继上海恒隆、北京国贸和哈尔滨卓展店后，Moncler 在 2011 年 7 月于北京三里屯北区新开了其在中国市场的第四家品牌精品店，标志着 Moncler 的全球销售战略登上了一个新的台阶。Moncler 三里屯旗舰店网罗了男装、女装、配饰，以及由詹巴迪斯塔·瓦利设计的 Moncler Gamme Rouge 系列、桑姆·布郎尼设计的 Moncler Gamme Bleu 和 Grenoble 系列。Moncler 三里屯旗舰店占地面积 516 平方米，由 Gilles & Boissier 建筑设计事务所完成，木质法式装饰墙上雕有花型图案，与透明的玻璃展示柜形成和谐对比，地板则由青石铺设，每一处细节都用现代语言诉说了 Moncler 悠久而又绵长的品牌历史。

Moncler 现任总裁 Remo Ruffini 先生表示:"北京三里屯店的开幕，标志着 Moncler 在中国乃至整个亚洲市场的零售发展，以及 Moncler 品牌的革新之举，均迈出了重要的一步……"

伯爵莱利

PAL ZILERI

意大利顶级男装品牌伯爵莱利，服装系列品质上乘，延续着始终如一的制衣传统，将精英阶层所关注的高品质要求放在首位，集时尚与创新于一身，完美体现出一股意大利式的现代服装流行动态。

意大利作家 Italo Calvino 曾说过，"经典是将一种风格变为历史、并延续至今；这种经典风格既能够迎合现代时尚品味，又能保留传统品质。"而这，也正是经典男装品牌伯爵莱利所长期贯彻的不朽品牌精神。

伯爵莱利在设计上视典雅为依归，以深厚的传统糅合不断更新的时尚风格及独特选料，再加上精巧的传统工艺，设计出一系列最能配合不同场合的服饰造型；从正式的工作场合，到庄严的仪式活动，以至于工余闲暇，伯爵莱利的服饰都能为你展现出一种恰如其分的优雅气质。

除成功保持了意大利服装一贯享誉国际的品质水准外，伯爵莱利的旗下产品大多也都有着极富竞争力的特色，始终都强调运用传统的手工裁剪和手工缝制工艺，让顾客能够真正体会到一种尊贵、舒适和高品位的奢华享受。

从诞生之日起，伯爵莱利就选择了去走一种高端而又低调的行事风格，即使在面对当今的国际服装市场时，伯爵莱利最吸引人的，也还是那种自然而然、并能让人轻易感知的完美质感，这，便是意大利顶级成衣的大家风范。

位于意大利北部的 Quinto Vicentino，是一座静谧的小城镇，上班时间几乎在街上看不到熙攘的行人，因为这里的许多居民都是在伯爵莱利的纺织及制衣工厂工作的。可以这么说，从 1970 年 Gianfranco Barizza 及 Aronne Miola 在这里经营起纺织业及成衣生意以来，随着业务量与员工数量的日益扩大及增长，企

伯爵莱利 2011/12 秋冬新品

顺时针左上起：伯爵莱利亚太区董事及总经理 Della Croce 先生；公司最初的工厂旧址；精湛的手工制作；生产线上的制作情景

业也帮助了很多员工在这里建造了房屋，开办了学校，并在 Quinto Vicentino 镇上建立了一个完善的大型工作与生活社区。在成立之初，品牌只在意大利市场经营男式夹克与西装，20 世纪 70 年代末开始拓展至国际市场，并制订了一系列与意大利著名时装设计师品牌合作的发展策略，其中包括有 Soprani、Verri、Fusco、Krizia、Trussardi 及 Moschino。品牌的家族根源与现代企业管理架构的完美融合，让 Barizza 和 Miola 家族的第二代成员在一批资深专才的协助下，为品牌注入了全新活力。现如今，伯爵莱利已成为意大利著名男装品牌之一并已成功走向国际，销售范围遍及 75 个国家和地区，营业额更是攀升至 1.1 亿欧元，其中超过一半为海外收益。目前，中国、俄罗斯及中东是伯爵莱利业务增长最快的主力市场，截止到 2008 年底，品牌已在中国内地及香港地区开设了 30 多家店铺，发展极为迅速。

随着经验和新技术的日积月累，伯爵莱利对品质的要求也在不断提高。新任设计师 Yvan Benbanaste 将优雅与创新完美结合，运用各种颇具功能性与质感的全新面料，但同时也很好地保留了传统西装的缝制工序。

伯爵莱利每个服饰系列都会涉及到约 1 000 种布料，由著名的毛线织造厂制作生产，而缝制一套传统西装也要经过 180 道工序，历时 6 小时。伯爵莱利旗下的两大生产基地共聘用了 1 150 名职工，将自动化的管理模式与传统手工艺制作相结合；品牌维持竞争力的首要因素，仍然是专业的经营手法及可靠的工作伙伴、专业的创作与产品开发团队、专业的裁缝与裁样师，以及受过传统意大利手工训练的专业技师，以共同实现品牌的设计概念，制作出合乎最高要求的服装作品。

伯爵莱利旗下的产品种类也是日趋多元化，包括有订制套装及新创立的伯爵莱利 Concept 休闲系列及伯爵莱利 Lab 系列，加上各种配饰作品，如鞋履、皮具、手表、香水、雨伞，完整而又丰富的产品阵线及优良可靠的品质保证，为顾客的整体形象提供了充裕选择。伯爵莱利是品牌的主线系列，包括套服、西装及大衣等，均是以最上乘的衣料精工剪裁而成，细致的手工能够满足品位高雅人士对传统风格及时尚魅力的追求。伯爵莱利 Concept 系列完美演绎了伯爵莱利男士悠游闲适的一面，以工整的线条配合新颖的细节及崭新色调，是该系作品的主打设计特色。伯爵莱利 Lab 则为拥有时尚触觉及前卫品位的男士所量身设计，该系作品最初面世于 2005 年，以潇洒创新的风格取代了传统样式，展现出活力四射的崭新风格。伯爵莱利 Sartoriale 系列最能表现出品牌细致考究的手工技术及高超的品质水准。领口的剪裁、衬里及袖口针脚等细节，均是以手工精心缝制；选用的面料包括有羊驼毛、驼马毛及超纯羊毛等。

伯爵莱利 Abito Privato 系列是专为订制服装爱好者而设的专属服务，全线度身定做的服装由专门团队主理，更定期向零售商更新量身剪裁的技术知识，并于店内举办时装展，让专业的裁缝师与顾客直接交流，从上乘衣料、式样繁多的衬里、纽扣到剪裁风格，顾客都可以自由挑选。

而伯爵莱利 Cerimonia 系列则是专为正式场合定制的礼服系列作品。合身且精细的传统剪裁风格加以创新设计，打造出高贵完美的绅士礼服系列。

伯爵莱利拥有专为品牌设计的独特面料，面料颜色超过了 2 000 余种，在制作过程中始终都遵循并追求着卓越理念。无论是成衣的制作，还是领带、腰带、鞋、皮具等配饰，始终都采用了传统的手工裁剪和手工缝制工艺，令伯爵莱利的尊贵顾客能够充分体现自己的个性，并与时尚潮流保持同步，真正创造出意大利男装的完美形象。

伯爵莱利拥有一整套世界顶级品牌的专业运作体系，在设计和工艺方面也是极其讲究。新近推出的冬季系列在色彩上运用了灰色与象牙白色的搭配，以及冷棕色与紫色条纹的搭配，充分体现出作品与秋冬和谐交融的高贵与典雅。

在面料上，伯爵莱利运用精品羊毛与纤维混纺粗股线，大胆尝试棉、羊毛与羊绒的结合，为西装创造出一种不同凡响的外型风格。

在缝制上，伯爵莱利采用了 120 针和 150 针的高品质制衣法，在制作上装和大衣的原料中更是添加了极具粗犷风格的辅材，力求尽善尽美。

在设计上，伯爵莱利着重体现套装不凡的高贵品质——除了经典的条纹，品牌新近还采用了细条纹式样。传统的威尔士亲王方格图案和犬牙状方格图案也被设计师运用到了系列之中，以求彰显出穿着者的休闲韵味。使用天鹅绒和嵌花织物这一新理念，则充分诠释了本季西装和大衣的流行趋势，创新款式的细条纹设计，如采用棉类、羊绒、羊毛套装，也对这种古雅风格作出了新的诠释。

在裁剪上，2011 年的套装剪裁令款式风格发生了剧烈转变。采用新剪裁风格的里衬结合了合体剪裁和功能性这两大特点，为人们带来一种非凡的视觉感受。以新材质制成的马赛克式花样、口袋的巧妙变化，使得休闲夹克更具朝气，并有了一种全新美感；外套则崇尚自然舒适，里衬采用了棉、天鹅绒和细纹羊毛材质，剪裁合体，彰显出一种不凡品质。

就像所有能被我们迅速关联的记忆一样，面料一直都是意大利男装最为人称道的细节之一，同时也是伯爵莱利品牌最引以为傲的一部分。在伯爵莱利的面料开发部门，面料设计师与面料制作人员每季度都会研发出一款独家的面料制品，用以支持伯爵莱利全系产品的非凡质感，这几乎可以说是伯爵莱利品牌数十年来最核心的生命力所在。

伯爵莱利 2011/12 秋冬系列发布的男装、配饰、皮具及香水

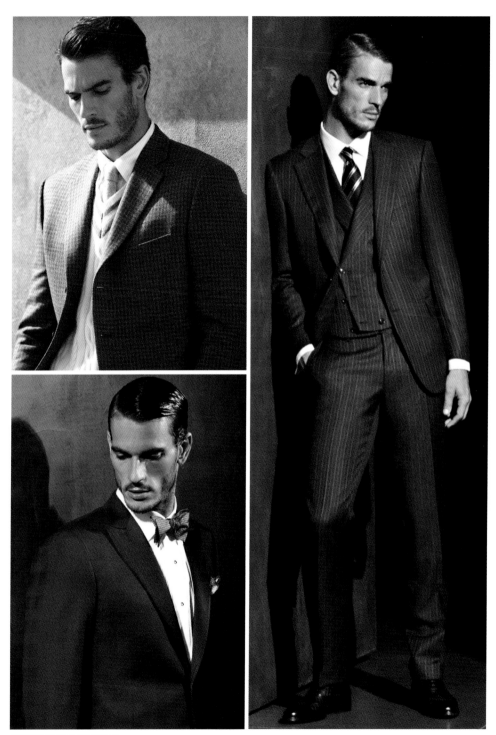

伯爵莱利 2011 秋冬系列

在一款秋冬便装系列中，我们就看到了一种具有"神奇功能"的全新面料。这种以全棉材料生产的面料，没有加入任何的化纤成分，却有着极佳的天然防水功能；因此在雨天时穿着也是相当的方便周全。这个内衬贴有"H_2O"字样的标识卡更像是一种专利，代表了伯爵莱利在工艺上的新发现与新探索。

在另一个服饰系列中，伯爵莱利依然将其面料的制作功力发挥得淋漓尽致。在纺织的时候将两层非常薄的面料织在一起、变为一层，独特的针法完全看不出两层面料的感觉，不仅摸起来感觉十分纤薄，同时还在丝质中加入了亮色，穿上去相当的轻巧舒适。这件重量还不到 500 克的西服没有内里，因此也就没有坚硬的支撑物，穿在身上感觉就像是贴了一层皮肤，舒适感极佳，而且看起来也是颇为挺拔，这已不单单只是面料所带来的效果，更是伯爵莱利精湛手工裁剪工艺的完美体现。如此一来，原本只能在秋冬季节穿着的基本款式，在炎炎夏日穿起来也是极为舒适。除此以外，在迷宫般空间巨大的品牌生产车间里，一件成衣的完成，统统都需要经历许多的流程，也就是一种看不见的独具匠心。

四十多年来，正是凭借这种匠心，才会让伯爵莱利的众多精致作品为广大低调、优雅、考究的现代男士赞不绝口。每个人的心中都有一个一线大牌的排行榜，而在我们所熟知的这个名单中，进入中国才短短数年的伯爵莱利也许仍低调得让人感觉有些陌生，但实际上，伯爵莱利已在国内许多城市都开设了自己的专卖店铺，同时也向人们展现出了自己的勃勃雄心。

伯爵莱利市场主管 Manuela Miola 谈道，目前中国市场除已经引进伯爵莱利作为主线的伯爵莱利和伯爵莱利 Concept 系列，以及少量的伯爵莱利 Lab 外，随后也会陆续将全系列的其他产品逐步带入中国，尤其是一家专门提供礼服定制服务及高级定制服务的伯爵莱利旗舰店，而中国市场也将会成为伯爵莱利在未来数年间的主要发展根据地。

目前，每一件伯爵莱利产品都是在品牌旗下两大久负盛名的生产基地——位于意大利维琴察省的 Quinto Vicentino 及 Sarcedo 制作完成。每个季度，伯爵莱利的设计团队也都会从由全球顶级面料商所提供的近 3 000 种材料中精挑细选，找寻到其中最尊贵的自然面料及高科技材料，并在生产程序、传统的男装剪裁过程及创新制作环节中严格把关，以期将更多古雅而又时尚的高品质伯爵莱利系列作品统统展现在世人面前。

现如今，作为世界顶级男装成衣品牌，伯爵莱利的忠实顾客已遍布全球 80 多个国家和地区的近 1 000 座城市，真正成为了令无数精英阶层绅士群体一致觊觎的一位着装典范。

保罗与鲨鱼

PAUL & SHARK

诞生于 1977 年的保罗与鲨鱼品牌，以鲜明的鲨鱼标识其服饰产品，体现出一种自由、休闲和优雅的风格。产品完全由意大利制造，优异的品质及创新的设计使其迅速成为世界著名的休闲服饰品牌。

保罗与鲨鱼是高雅休闲服饰以及品味生活的品牌，深受全球各地懂得欣赏意大利原厂制品的男士爱戴。它的服装系列无论于上班、休闲或玩乐时刻，随时随地为顾客提供全身上下最佳服装配搭，包括精细的棉质衬衣和马球衫、优质针织衫和毛衣、轻巧的功能外衣，包括泳装及配件，都一应俱全。 品牌自创立以来，一直以品质和精巧细节为其服装系列最重要的设计元素。从最精美的珍珠母贝、钛金属拉链和钮扣、真角质或石南大衣钮扣、以至色彩、剪裁和衬里都贯彻对于高品质和精巧细节的要求。

保罗与鲨鱼品牌生产结构一体化，直接控制了旗下产品制造的每一个环节，无不令公司名声卓著，不仅享誉意大利国内，更是席卷了欧洲、东南亚、美国及南美等地。现如今，品牌已全面进入中国市场。服装产品分为春夏和秋冬两个季节，每季大约有 300 种款式，产品分为裤子、百慕大短裤、泳衣、慢跑服装、马球衫以及一些配件饰品，如领带、围巾、手套、帽子、皮带、短袜、雨伞、提包、海绵状衣服、钥匙圈和笔记本等等。该品牌的男装系列是高科技的成就，专为那些热爱体育运动的现代人士设计，所有技术指标均经过品牌帆船船长和全体船员的试穿及验证，以便不断提高保罗与鲨鱼的质量和技术。"保罗与鲨鱼实验船"上的船员们，在船长 Beppe Zaoli 的带领和指挥协调下，穿着最新研制的款式进行测试，参加意大利凤尾船大赛。在最恶劣的天气条件下，令

保罗与鲨鱼品牌服装 2012 春夏系列预览

顺时针左上起：DAMA S.p.A 公司最初的纺织工厂；纺织工厂最初的生产原貌；采用尖端科技生产及用料是保罗与鲨鱼的品牌理念；保罗与鲨鱼位于意大利的总部 DAMA S.p.A 公司；保罗与鲨鱼品牌现任行政总裁兼创意总监 Andrea Dini 先生

样品服装经历最严峻的考验。船员们定期将测试结果通知纺织专家和公司的风格设计专家，以便他们进行必要的修改，以及在不断提高质量和技术效率的基础上，取得新的成果，解决新的问题。因此，保罗与鲨鱼的每一款设计都历经考验，代表意大利最精湛的设计和制作工艺以及优雅品位。

三代传人演绎了三个不同的故事。故事源于一名经理人和化学家GianLudovica Dini。这位企业家创立了DAMA S.p.A，其后他的儿子，即始创人Paolo与妻子Marzia携手合作，领导公司一路稳步发展至今。目前，该公司由Paolo的长子Andrea掌舵，现任公司创意总监的Andrea Dini，1964年出生于意大利米兰，他同时也是DAMA S.p.A公司的行政总裁。Andrea Dini指导了公司的未来发展方向，在他的带领下，品牌设计更趋生活艺术化，而且也保持了一贯的高品质舒适感及高技术含量。这位现任行政总裁正继续不遗余力地拓展家族事业，旨在将DAMA S.p.A的品牌精神发扬光大。

DAMA S.p.A创立于1921年，当时只是一家位于米兰近郊Masnago村庄的纺织厂。1977年，这个家族企业成立了一个全新部门，专门负责发展男士休闲及航海服饰，并以始创人Paolo（即英文的Paul）和海洋之王——鲨鱼（即英文的Shark）将公司命名为保罗与鲨鱼。随后，公司便先后于1999年及2001年推出了女装和童装系列作品。时至今日，公司全力拓展品牌发展，并全线开发出了众多系列产品，品牌形象也得到了成功转型。

保罗与鲨鱼的产品理念是采用尖端科技的用料，缔造出无比舒适的生活模式。自成立至今，公司坚信上乘质量是品牌成功的最主要元素之一，此外，公司也深明一个道理——服饰要想舒适实用，就离不开全新的高科技材料，于是便矢志提升品牌的产品质量。为了确保作品能够至真至美，公司随后还特别成立了专门的产品研究及发展中心，并聘请了多名设计师和纺织品专家，致力于研发出各类舒适先进的高科技服饰作品。公司的纺织技术人员研制的新型面料均为运动休闲人士精心设计。高强度织物，经过树脂处理和防水处理的棉，用于制作长上衣、夹克和背心的微纤维，都采用拉链和搭扣。在夹克中缝入"阶段变化材料"，即使在最严酷的天气条件下仍可使衣内温度保持在正常水平。运用少量陶瓷材料使织物能吸收紫外线，保护皮肤并保持身体凉爽。

保罗与鲨鱼孜孜不倦地研创崭新技术，矢志迎合品味男士的多种需要。品牌多款经典系列均采用了高科技面料，全面抵御水、冰、阳光和极端气候——Sunshield具有防紫外光功能；Typhoon 20000可抵御两万毫米水深的压力，显示织物涂层的抗强风和抗高水压的能力，可以在暴风雨和台风等最恶劣气候条件下穿着，利用力学温度调节技术，以应付温度突变。之后，品牌推出了专为音乐爱好者设计的可连接 iphone 和 ipod 的运动夹克，作品采用了高科技纤维面料，在小臂位置的袖口上特设按键区域，用以连接放置于特殊内袋中的 iphone 或者 ipod 播放器，以便于音乐爱好者操控自如，尽情享受音乐所带来的愉悦。

保罗与鲨鱼航海系列的第一件针织衫诞生于 1978 年，选择像深海一般的藏蓝色，精选的纯羊毛通过特殊工艺，抗水性和抗风性都大大增加，同时又不失柔软和轻薄。肩部和肘部这些容易磨损的地方都经过人性化的加固处理使衣服的使用寿命增长。这个系列产品的一大特色是制作衣服的纱线是经过蜡处理而具备良好的防水性，颈部的防风设计以及深海蓝的颜色这三大因素使得当年的伊莉莎白女王把这种款式介绍给英国皇家舰队作为他们的制服。经过时间的推移，它不断革新其针织系列的制作工艺，但至今仍保留着对细节的精湛处理。

保罗与鲨鱼品牌向来以海洋及海洋人生哲学为设计灵感，正因如此，品牌才会选择 Kipawa 这艘富有传奇色彩的帆船作为象征，表达自己对生活中美好而珍贵事物的热爱，并且为 Kipawa 船员专门设计了一个成衣系列。2007 年，在由戛纳游艇俱乐部（the Cannes Yacht Club）组织、地中海国际委员会（the Comité International de la Mediterranée）及意大利帆船协会（the Italian Period Sailing Boat Association）共同提供技术支持的"第 29 届皇家帆船赛"上，保罗与鲨鱼和 Kipawa 间这一段金玉良缘正式宣告诞生。皇家帆船赛是地中海地区最著名、最重要的帆船赛事之一，而 Kipawa 在超过 150 艘参赛古船中位列第三，它是风格与设计的杰出象征，能够完美演绎品牌的理念，尤其契合品牌旗下专为热爱海洋和航海生活的顾客而设计的帆船系列成衣。

保罗与鲨鱼防水系列 Watershed 是休闲典雅与高科技的完美结合，它采用了杜邦公司生产的 Teflon 防水面料，具有防渗水的功能且穿着舒适，水滴在衣服表面顺势滑落，保持上衣持续的干爽整洁。除外套和长裤之外，该系列还提供"V"字领、高领和翻领的棉质防水上衣，采用混色、纯色及条纹设计。

若出席重大场合，不妨选择纯手工打造而成，且剪裁一流的奢华系列，如装饰有名贵珍珠母贝钮扣的超薄埃及棉衬衫，抑或是棉和羊毛混纺的外套和长裤，手感柔滑，并以紫色、矢车菊蓝色和空军蓝打造出优雅风范，该系列是专为追求独特、个性张扬的顾客设计而成。

保罗与鲨鱼一直以来始终都非常关注环保问题，现在更是将品牌所倾心设计的环保包装从意大利推向全球。可循环利用的材料不仅被应用于制作购物袋，更为不同系列的产品设计了别致包装。品牌还根据不同系列的服饰，设计出了既

顺时针左上起：保罗与鲨鱼品牌的女士优雅服饰；保罗与鲨鱼菱纹图案羊绒衫；保罗与鲨鱼高品质羊绒外套；保罗与鲨鱼奢华系列真皮外套；保罗与鲨鱼奢华系列真皮腰带

顺时针左上起：保罗与鲨鱼赞助 Kipawa 赛事；保罗与鲨鱼经典 Kipawa 徽章外套；保罗与鲨鱼旅行夹克

有趣又环保的包装。经典的 Bretagne、Habana 以及 Only for You 系列包装袋，均采用了全棉材质，搭配抽拉式棉绳设计，方便实用，而又让人爱不释手。

保罗与鲨鱼独特的工艺技术、高科技面料以及颇具代表性的铁罐包装，一如那枚游弋于海浪之中的鲨鱼标志，标新立异、独一无二、无人可及。它的出众品质不仅体现在其独家专有的高科技面料和新颖设计，更体现在产品的精美外包装上。包括套衫在内的部分产品都采用了品牌经典的罐包装，显得独特而又周到，同时也是其他品牌所无法提供的尊贵享受。设计独特的铁罐包装，以三种不同尺寸用来包装皮带、T-shirt 和针织衫，更可用来放置自己的心爱之物。简单大方的设计，使得它的铁罐不仅仅只是产品的外包装，更具备丰富的功能性，无疑是对环保概念最好的诠释。

保罗与鲨鱼的销售网络现已遍布全球，专卖店采用原木设计配以品牌经典的海洋蓝色为主题。保罗与鲨鱼专卖店位于米兰、纽约、罗马、巴黎、莫斯科、威尼斯、维也纳、佛罗伦萨、柏林、上海和北京等主要城市，还包括巴哈马等全球最优美的度假胜地。保罗与鲨鱼全新店面概念的构思，来自于在极尽优雅和精致设计的环境中，实现空间的平衡分配，同时达到实用性，并符合当代的设计标准。它的理念并没有改变，但已演化成一个能够在每一个微小细节中强调产品的概念店。店面布局和展示均以珍贵、闪亮的红木为特点，有效地向四周反射出特殊的光线，白橡木地板和经调校的灯光所组成的结构，亦形成特别的光线对比，增添独特的色彩。店面预留了大量的空间，展示配件及折叠的服装，充分利用了宽阔的桌面，以及挂架旁边的墙壁空间。另有描绘了当季系列目录特色图片的图册，以及最新的广告画面，非常平衡地放置于特别设计的壁龛上。当然，不可缺少的是金色的品牌标志，在深蓝色的漆面板上闪亮生辉。

保罗与鲨鱼在中国的新概念店以更加优雅轻松的设计，以及更加宽敞、舒适、明亮的空间，为客人带来了家一般舒适的购物体验。新概念店不仅全面地展现出品牌当季的各线产品，在店面的装修设计上也尽显了品牌风格与核心内涵，此外更是将品牌休闲优雅的意大利风情推到了极致。

这个创立近四十年的品牌，一直以其独特而奢华的生活格调而闻名。目前保罗与鲨鱼品牌没有二线产品，鲨鱼标志、高科技纺织面料、无微不至的细节设计和典型铁罐包装成为鉴别保罗与鲨鱼卓越品质的标志。品牌在近年来相继推出了一系列适合于休闲及户外活动的流行服饰，同时也从最初所倡导的航海风格，逐渐转变为深受都市成功人士青睐的休闲优雅品牌。秉承前辈的创新精神，它将以更多的经典及时尚作品，倾心演绎自己的华丽色彩。

普拉达
PRADA

意大利著名奢侈品品牌普拉达起源于 1913 年，最初是以制造高级皮革制品起家，在近百年的发展历程中，普拉达致力于创造兼具经典色彩和创新精神的时尚理念，成为一家享誉世界的传奇品牌。时至今日，这家倍受青睐的时装精品店依然在意大利上层社会享有极高的声誉和名望，产品所体现出的价值也始终都被视为是现代生活中的非凡享受。

倒三角的铁皮标志，品牌名称下方标着"Milano"及"1913"标识；这，便是米兰又一个以完美主义著称的家族品牌——普拉达。近百年来，坐落于米兰 Galleria Vittorio Emanuele II 大街上的普拉达精品店从外观造型到室内摆设，几乎都没有做过任何的变动，这间古香古色的百年老店无疑见证了普拉达家族的曲折兴衰。普拉达可谓是个历史悠久的老字号品牌，产品追求完美，无论老少，对于这家品牌的认知度都绝不逊于其他任何高端品牌；不过，要回溯普拉达的历史，还是要从 20 世纪初谈起……

意大利人注重家族观念，时尚工业也不例外，而普拉达就是其中的经典代表。普拉达创立于商业贸易与商旅工业兴盛蓬勃的 20 世纪初，创始人马里奥·普拉达开始制造一系列针对旅行用途的手工皮件产品，并于 1913 年在米兰开设了一间 Fratelli 普拉达精品店，主要致力于生产及销售皮包、旅行箱、皮制配饰及化妆箱等高档产品。

在运输工具尚称不上便捷的当时，为了追求最好的品质，马里奥坚持从英国进口纯银，从中国输入最好的鱼皮，从波西米亚运来高档水晶，甚至还将亲手设计的皮具交给一向以严控品质而著称的德国人制造生产。

普拉达 2011 秋冬系列

顺时针左上起：创始人马里奥·普拉达；米兰又一个以完美主义著称的家族品牌——普拉达；设计师 Miuccia 普拉达，普拉达家族的第三代掌门人；1919 年获准以意大利皇室萨沃家族 (House of Savor) 的徽号及纽节绳索倒三角为标志，品牌名称下方标着 "Milano" 及 "1913" 标识；位于纽约的普拉达总部

很快，这家精品店便成为了当时以皮具生产和顶级豪华商品制作为主的时尚大牌，众多欧洲皇室成员也随之成为了它的忠实顾客。但普拉达家族却有着一个极为严苛的规定——女人不能参与运筹帷幄；直到 1958 年马里奥去世，他的女儿 Luisa 才得以接手父亲的事业。然而到了 20 世纪 70 年代中期，受到古驰和爱马仕等主要竞争对手强而有力的市场挑战，公司开始面临极大的商业困境，几近破产边缘，曾经风靡一时的普拉达亦随之步入了最黑暗低潮的时期。但谁也料想不到，危急中的这位救星，却是个来自家族内部的年轻女性，她在短短十年间重新树立了家族雄心，并建立起意大利时尚地图中最夺目的这家时装帝国，她，便是 Miuccia 普拉达，普拉达家族的第三代掌门人。

　　20 世纪 70 年代的 Miuccia 普拉达，还在校园滑稽剧社团内扮演着活跃分子的角色，这位黑眼睛的米兰姑娘，便是有着六十年历史的普拉达家族继承人。在这个满大街人都穿着嬉皮服装的年代，出生于时尚大家庭的 Miuccia 多少显得有些与众不同——她有着左翼的思想和激进的女性观点，却又迷恋着香奈儿、圣罗兰等名牌女装。Miuccia 了无牵挂的校园生活在 1978 宣告结束。这一年，母亲 Luisa 向 Miuccia 施压，要她加入到家族事业中来，毫不情愿的 Miuccia 最终勉强进入了举步维艰的家族企业，接着又将其交给了自己的未婚夫来负责打理，自己则躲到一边去继续完成学业，直到政治学博士学位到手之后。

　　就这样，一直到 1983 年，Miuccia 普拉达才开始全盘负责该品牌的设计工作。令人惊讶的是，这位政治学女博士的设计能力却是超级一流，显然继承了普拉达家族的独创天赋，总会有一些离奇有趣而又极为实用的点子从她的脑海中突然冒出。1985 年，在参观一座军事基地时，Miuccia 突发奇想，并在随后以意大利军用帐篷及降落伞所常用的尼龙面料设计出一款黑色的尼龙精织手袋，这款零售价 50 美元的小包神奇般地成为了当时的流行精品，不仅在市场上被抢购一空，而且还被广泛模仿，甚至就连纽约设计师 Donna Karen 也时常会背着这款普拉达黑色小包出门。

　　在当时，普拉达还没有推出品牌的高级成衣，直到 1989 年普拉达首次女装发布会以来，它才得以晋身顶级品牌之列，成为十年间上升速度最快的一家时装品牌。普拉达的成衣风格简洁而优雅、含蓄又知性，其所蕴含的女性魅力就像是一支低调但却迷人的曼妙夜曲。

　　1989 年秋冬季发布会期间，公司与古驰同时推出了首个高级成衣系列。一个标榜复古典雅，一个卖弄现代性感，在奢华绚丽之风大肆盛行的当时，普拉达却保持了一种平淡的作风，其略显严肃的设计甚至还曾遭到了来自各界的质疑与嘲讽。曾有一位知名记者就曾嘲笑品牌女装是"无权阶层寒酸的制服"。的确，普拉达的设计冷静内敛，鲜有过度的暴露和轻浮的挑逗，显得中性化十足。

但喜爱普拉达的人们，也正是钟意她那种不动声色的理性和优雅的魅力。Miccia普拉达曾说过："我本人并不太喜欢80年代的那些设计师和他们的设计理念，因为我觉得他们在商业的道路上已经走得太远，从而丧失了自己的个性。"

这，或许便是解读普拉达时装风格最关键的词条之一，即看似平淡无奇、但却又造型一流。从一举成名的黑色尼龙手袋开始，她就选择了一条路走到底地坚持简约主义。谨慎而不乏味，个性却不张扬，表达品位又不显凹凸，这些特质都是简约主义设计所带来的最大优势。

在20世纪90年代一度崇尚极简主义的时尚风潮中，普拉达所擅长的简洁冷静设计风格开始成为时尚主流。Miccia普拉达曾经尝试从60年代的太空时代风潮中获得灵感，设计出既富有外太空高科技感觉，又保留其复古风格的手袋作品。"我不可能取悦每一个人，总有人喜欢或不喜欢；但无论如何，它至少成功引起了这场争论。"

1992年，普拉达首次推出年轻的副线品牌Miu Miu。从某种程度上来说，这也是Miuccia本人的一个伟大梦想。

Miu Miu源自Miuccia的小名，灵感则采自于Miuccia少女时期那些带有明显嬉皮色彩的服装作品。Miu Miu系列的服装风格可爱有趣，以新生代的模特奥黛莉·玛莲和玛吉·丽泽为形象代表。

尽管该系作品同样也是备受争议，但至少我们也完全可以将它看作是普拉达的另一个梦想，品牌如此年轻，年轻到可以让设计师尽情发挥其童心未泯的玩味个性。

对于意大利的时装品牌来说，以家族企业起家的不在少数，如Versace、Fendi、Max Mara等；但除了自家品牌外，还打起别人主意的品牌却并不多见，能做到将家族生意坚持到底就已经实属难得，但普拉达却算得上是其中的异类，从很早的时候就开始了一系列惊险而又刺激的并购游戏。

1998年6月，普拉达斥资2.6亿美元在股票市场上收购了古驰公司9.5%的股份。事实证明，此次并购计划绝对是个只赚不赔的买卖：1999年1月，普拉达将这部分股份转手LVMH集团，从中净赚1.4亿美元。

1999年3月，普拉达同Helmut Lang达成协议，在2000年之前收购其品牌51%的股份；随后，老牌眼镜公司De Rigo也并入普拉达，专门为品牌生产太阳镜，再一次扩大了品牌服饰用品系列的范围。

普拉达 2011 年秋冬成衣及服饰系列

顺时针左上起：东京青山开设的 Epicenter 旗舰店；Waist Down Shanghai 展览在上海和平饭店展出；坐落米兰 Galleria Vittorio Emanuele II 大街的精品店；上海 IFC 的普拉达旗舰店新面貌；普拉达 Transformer 于韩国庆熙宫展览馆场；Trembled Blossoms 卡通动画短片

同年 8 月，英国历史最悠久的皮鞋制造商 Church & Co 并入普拉达旗下；与此同时，普拉达还收购了德国著名的设计师品牌 Jil Sander，成功创造了由普拉达、Helmut Lang 以及 Jil Sander 为支点的简约主义壁垒。无论如何，在一系列的并购行动后，普拉达无疑已成为意大利国内第一大跨行业、跨国私有奢侈品集团。

2003 年，在普拉达的资助下，老牌高级时装设计师品牌 Azzedine Ala 重出江湖。无论是哥特吃香还是朋克走红，普拉达都镇定不变地选择了留守整个 2003 年春夏及秋冬的时装系列，更是把当年由伦敦风靡至全世界的 Mod Style 重现在世人眼前。黑、白、灰的主色调，"H"形外轮廓的造型，提高的腰线以及瘦窄的改进肩形，线条硬朗利落中隐现细致柔和，简洁清爽的造型和贴心漂亮的细节设计，都让 2003 年的品牌时装作品大获成功。这不禁也让人回想起该品牌世纪之交的春夏系列，将衣橱里的常青藤基本服装从毛衣、褶裙到直筒裙和丝巾重新发扬光大，散发着斯文学生和空姐味道。对此 Miuccia 说道："这就是我想要的结果：典雅的好女人，还非常时髦。"

2004 年 7 月，普拉达在美国的第二间 Epicenter 旗舰店精彩亮相。该店位于洛杉矶城内最繁华时尚的比佛利大道，秉承普拉达 Epicenter 一贯的"焦点"核心概念，这家店铺在设计时周密考虑了如何完美无瑕地融入到这个城市和它的独特文化之中，为尊贵的客人带来新奇的购物体验。

"我想返璞归真，寻找到真正重要的东西；我想简化，把一切都变得简单……"miuccia 曾解释说道。在 2011 年时装周上，当众多品牌都在争奇斗艳地走浮夸之风时，Miuccia 女士却一反常态，令普拉达的时装设计重新回归到了品牌最初始的语境之中，在米色、棕色和黑色的褶皱面料中玩转意大利式的性感，艺术化的褶皱面料就像是揉捏过的纸张，凹凸不平中反映着它的醒目独特性。

不仅如此，设计师还在其中加入了品牌最为擅长的针织材质，并破坏了原有解构，以不对称的剪裁加以诠释；Miuccia 的设计和那些干净的颜色、简单摩登而又怀旧的款式，在点到为止的分寸把握下，唤起了无数人心底的那份纯真。个中缘由，大概是每一位成熟女性的内心深处，都隐藏着一个永远都不愿长大的小女孩儿的缘故。几乎每隔数年，普拉达就会在世界范围内引起一阵抢购热潮，而人们也都将普拉达视作是最懂得女性的一家时尚品牌。

普拉达的成功，主要源自其产品设计与现代生活型态的水乳相融，在布料、颜色与款式上狠下工夫。品牌设计背后的生活哲学也正契合了现代人追求切身实用与流行美观的双重心态，它在机能与美学之间觅得完美平衡，不但是时尚潮流的展现，更是现代美学的极致。

拉尔夫·劳伦

RALPH LAUREN

被国际时装界誉为是"美国经典代言人"的拉尔夫·劳伦，创立四十四年来不断以清新洗练、精辟细致的生活态度，以及时尚高雅而隽永恒远的衣饰风格鲜活了美国精神典范，独特形象深入人心，其女装系列的御宝系列、拉尔夫·劳伦 Collection 纽约天桥系列及以传统手工定制来注释现代感男装的拉尔夫·劳伦 Purple Label 紫标高级男装系列，款式高度风格化，彰显时代男女的独立个性。

拉尔夫·劳伦时装是一种融合幻想、浪漫、创新与古典的灵感呈现，所有的设计细节均架构在一种不被时间淘汰的隽永及奢华之上，配合巧妙绝伦的工艺与设计相辅相成，一直为中至高等收入消费阶层和社会名流所爱戴。除时装以外，拉尔夫·劳伦还包括有高级订制系列手袋和纽约天桥系列手袋、鞋履、高级珠宝和腕表、童装、家居及香水等产品系列，其所勾勒出的，同样也是一个绚丽多彩的美国之梦。拉尔夫·劳伦的产品，无论是服装还是手袋，高级腕表还是家具，无不迎合了顾客对上层社会完美生活的虔诚向往。

劳伦先生的成功之处就在于，他能够令全世界都心悦诚服，拉尔夫·劳伦店内装饰所表现出的更是一种别具一格的家庭氛围，这样的商品陈列理念非常成功，其麦迪逊大街店铺头一年的销售额就超过了三千万美元。

拉尔夫·劳伦（Ralph Lauren）1939 年 10 月 14 日出生于美国一个劳工家庭，父亲是一位油漆工人，母亲是位家庭主妇，从其家庭背景而论，劳伦无疑与国际时装业扯不上丝毫的关联。然而，拉尔夫·劳伦对于服装的敏锐度，可谓是与生俱来，他从小便喜欢做服装拼接游戏，常会将军装与牛仔服饰融合一体，而小劳伦对于皮革材质也有着一种极高的鉴赏分辨力。放学回家后，很多孩子

2011 秋冬拉尔夫·劳伦 Purple Label 紫标高级男装系列及拉尔夫·劳伦 Collection 纽约天桥系列

顺时针左上起：品牌创办人兼设计师拉尔夫·劳伦于 2010 年获纽约市市长彭博颁发荣誉崇高的纽约市之匙；拉尔夫·劳伦于 2010 年在伦敦旗舰店的外墙展出独一无二的四维灯光装置；首间规模最大的男装专门旗舰店，落户于纽约麦迪逊大道 867 号的历史府第 Rhinelander Mansion；第一间专营女装及家居精品的旗舰店坐落麦迪逊大道 888 号，与对街的男装旗舰店互相辉映；纽约旗舰店内部设计洋溢显赫男士气派，拉尔夫·劳伦最具代表性的男装及配饰一应俱全

都会外出玩乐嬉戏，而劳伦却总是会利用这段时间去打零工，为的就是能够赚钱购买到自己喜爱的服饰，并不断培养自己对服装的兴趣，以期日后能够朝服装业发展进军。

中学毕业时，劳伦在纪念册上写下了他的愿望:"成为百万富翁"；数十年后劳伦先生终于实现了自己的梦想，成为美国极具领导性的一家品牌，开始着手创建一座属于自己的时尚王国。并非时装设计科班出身的拉尔夫·劳伦踏入时尚领域的第一个工作，便是在波士顿地区从事领带销售业务。当时的领带花色都是千篇一律的深黑，了无新意，一次偶然的机会，他大刀阔斧地为领带的外型故革新，不仅在宽度上将领带加大了两倍，色泽也是更为鲜艳多彩，并将领带的售价提升了两倍，结果却是出乎意料的大卖，并带动了当时的流行风潮；而这款宽领带系列，便是拉尔夫·劳伦首度以 Polo 为名的发端之作。

1968 年，拉尔夫·劳伦成立了自己的男装公司，并推出首个品牌系列——Polo 拉尔夫·劳伦，这是针对成功都市男士设计的个性化风格服装系列，介于正式与休闲之间，方便其出入各种都会及休闲场合。1971 年，拉尔夫·劳伦开设了自己的第一家店铺并推出女装品牌——拉尔夫·劳伦，其作品真正符合了美国精神，即一种不因潮流而改变、永恒且极具个人风格的穿着感。

随后，拉尔夫·劳伦又陆续推出了表现男士睿智摩登着装风格的 Black Label 黑标男装系列及绽放经典华丽美式风尚的 Black Label 黑标女装系列，但无论品牌如何更新，拉尔夫·劳伦的服装始终都能流露出一股华贵内敛、自由舒适的高尚气息。"美国风格在他的手上。" 这句话一语道破了拉尔夫·劳伦的设计风格与成就。20 世纪初长达四十年的英美上层社会生活、荒野的美国西部、经典怀旧的电影、30 年代的棒球运动员以及旧时富豪……统统都是他设计灵感的主要源泉。当初之所以以 Polo 来做为服装的主题，是因为拉尔夫·劳伦认为，这项运动很容易会让人立刻联想到贵族般的悠闲生活。一直专注塑造心目中融合了西部拓荒、印地安文化、昔日好莱坞情怀 "美国风格" 的拉尔夫·劳伦，此后更是被不少杂志媒体一致封为 "美国经典设计师。"

对于拉尔夫·劳伦来说，款式高度风格化是时装的必要基础，时装不应当仅存于一个季节，而应是无时间限制的永恒。拉尔夫·劳伦系列时装源自美国历史传统，却又贴近生活，象征着一种高品质的生活方式。1972 年拉尔夫·劳伦开始进军女装设计领域，其休闲服装作品对 70 年代的时尚潮流有着很大影响，他的作品也终于让他那位漂亮的妻子成为了国际时装界的名人。此后二十年间，拉尔夫·劳伦又相继推出了男孩服装、女孩服装、手袋眼镜、家具和香水等;1986 年，拉尔夫·劳伦在麦迪逊大街开设了一间拉尔夫·劳伦品牌旗舰商店。

进入新世纪，美国著名设计师品牌当中唯有拉尔夫·劳伦集团在成立近半个世纪后依旧强大坚韧，年盈利额约为 40 亿美元，市场份额超过了 80 亿美元，员工遍及 70 个国家和地区，人数超过了 1.5 万人。

许多人都误以为，拉尔夫·劳伦的成功纯属偶然，但他们显然都无法理解这家品牌的成功奥秘。拉尔夫·劳伦的成功，其实来自于其独特的技艺，单纯地将拉尔夫·劳伦定义为设计师并不准确，他更多的是将自己看作为一位品牌经理人、商人和顾客，其设计过程更像是在制作电影——首先将形象在脑海中储存起来，然后再将自己的构思告知设计团队，最后如愿获得他想要的设计感觉。现如今，已过七旬的拉尔夫·劳伦准备用这种技艺开始他的新计划——更加高端、走向全球。Ralph Lauren 集团不但在莫斯科和东京开设了奢华旗舰店，更相继于中国的澳门、上海、香港以及新加坡开设品牌的高级专卖店，目的就是为了引领品牌走向高端。

拉尔夫·劳伦旗下位于香港地区的首间高级女装专门店及钟表珠宝廊也已正式开幕，专售拉尔夫·劳伦每季于纽约时装周天桥展亮相的拉尔夫·劳伦 Collection 纽约天桥系列及绽放经典华丽美式风尚的 Black Label 黑标女装系列，除拉尔夫·劳伦腕表系列外，拉尔夫·劳伦高级珠宝系列也是首次于亚洲隆重登场。新店分为上下两层楼布局，坐落于香港殿堂级的半岛酒店，酒店商场自 1928 年至今，一直是城内一处颇为显赫的购物场所。

这次选址于香港半岛酒店的拉尔夫·劳伦专门店面积 320 平方米，设计风格借鉴 20 世纪初巴黎宏伟大宅的古典装饰艺术建筑，建筑特色及美学触觉则与品牌在巴黎 Saint Germain 开设的系列专门店一脉相承。顾客从地面楼层的瑰丽正门步入新店，首先映入眼帘的是拉尔夫·劳伦女装配饰专区和亚洲第一间拉尔夫·劳伦钟表珠宝廊，室内陈设高雅，经典装饰细节令整体气氛更显华丽。

拉尔夫·劳伦女装配饰系列呈献多款隽永设计，包括雍容华贵、手工精制的高级订制系列鳄鱼皮 Ricky Bag 瑞奇手袋，是拉尔夫·劳伦以他的妻子为灵感泉源 Ricky（瑞奇）来命名，其独特的剪裁图样全部经由人工绘制，每块材料都经过人手仔细测量和裁制并经过特别处理，制成一只瑞奇手袋需要长达十二小时的精工细作，由总共五十个不同的部件组成，可见品牌对手艺和做工细节的专注和执著。此外还有拉尔夫·劳伦 Collection 纽约天桥系列手袋、鞋履及配饰、围巾、皮带和墨镜，制造工艺无懈可击，展现出拉尔夫·劳伦矢志追求无瑕工

2012 春夏拉尔夫·劳伦 Collection 纽约天桥系列以经典电影《了不起的盖茨比》为灵感

2012 春夏拉尔夫·劳伦 Purple Label 紫标高级男装系列以传统手工定制工艺表现翩翩公子的魅力风范

艺与蕴借美感的大家风范。

　　新店内的拉尔夫·劳伦钟表珠宝廊是亚洲首设，尊呈拉尔夫·劳伦腕表系列中的典范珍品，包括拉尔夫·劳伦 Stirrup、Slim Classique 及 Sporting，另有令人怦然心动的拉尔夫·劳伦高级珠宝。

　　拉尔夫·劳伦曾在 1974 年为电影《了不起的盖茨比》设计戏服，并迅速在时装界掀起一股爵士风潮。从电影里主角们的着装风格，可以窥见美国 1920 年经济的兴旺繁盛，而这种风格也在很长一段时间内成为了拉尔夫·劳伦品牌的形象代言。在拉尔夫·劳伦 Collection 纽约天桥系列 2012 春夏女装秀场上，设计师拉尔夫·劳伦又重新回味了经典的 1920 年，同时也向 1974 版的这部旧电影表达了自己的敬意。

　　拉尔夫·劳伦 Collection 纽约天桥系列 2012 春夏女装秀开场便是衬衫、长裤搭配丝巾、帽子的中性装扮，浪漫的水粉色调像回忆中的画面一样美好温柔；接着便是空灵干净的白色世界——象牙白的线衫、裤装、长裙、丝巾和皮草外套，展示出拉尔夫·劳伦女郎简单优雅的性感；最后是华美飘逸的晚装礼服——光彩照人的丝质面料，修身的流畅剪裁……这些为镁光灯而生的华丽细节，相信会让 2012 春夏系列礼服成为红毯上众多女星们的至爱战袍。

　　男装方面，2012 春季，拉尔夫·劳伦 Purple Label 紫标高级男装系列以现代手法塑造翩翩公子风范——夺目的黑白装饰小品；优雅的海军蓝和褐棕单色；还有漫不经心地随意配搭，例如将巧工裁缝西服与航海风格运动服凑成组合。经典的蓝调子今季换上新面貌，大胆混配不同图案，创出破格效果，例子包括皇家蓝幼条纹西装配衬浅蓝条子衬衣和海军蓝装饰艺术风格琵琶花领带；还有全身褐色的西服，配上折旧效果乳白麻质衬衣，饶显休闲雅逸；醒目大格领带及撞色领子横纹衬衣，诚然是优雅魅力的终极典范。

　　Purple Label 紫标高级男装系列运动服尽显品牌的蕴藉风尚。高雅的海军蓝和白色西服选用时尚的水手条纹，配衬花式夺目的装饰艺术风格领带；温文尔雅的双襟西装及背心遇上梭织毛衣或清爽的褪淡白色短裤，刚柔组合恰到好处。高雅的丝巾随意打结，还有双色正规皮鞋，带出今季系列的隽永气质，展示历久常新的公子帅气。

　　拉尔夫·劳伦勾勒出的，是一个典型的美国梦：漫漫草坪、晶莹古董、名马宝驹。他的产品无论是服装还是香水，都迎合了顾客对上层社会完美生活的向往。或许，一切正如拉尔夫·劳伦先生本人所言："我设计的目的就是去实现人们心目中的美梦，一种可以想象到的最好现实"。

萨尔瓦托勒·菲拉格慕

SALVATORE FERRAGAMO

华贵典雅、实用性与款式并重，以传统手工设计和款式新颖而誉满全球……意大利顶级奢侈品牌菲拉格慕一向都以其声名远扬的优质鞋类产品，为全球无数名媛淑女所迷醉神往；奥黛丽·赫本、索菲亚·罗兰、玛丽莲·梦露……这些在世界电影发展史上熠熠生辉的名字，都不约而同地与菲拉格慕结下了一段又一段的"仙履奇缘"，同时也为国际时尚界留下了让人难忘的美好回忆。

究竟是品牌选择了城市，还是城市引进了品牌？这是一个奇妙的问题；诞生于 1898 年的萨尔瓦托勒·菲拉格慕（Salvatore Ferragamo）先生，用他充满传奇的一生，演绎了品牌与城市之间的微妙关系，那就是"一个品牌不应妥协于任何一座城市，才会被更多的城市所认可"。

作为世界顶级奢侈品牌之一的菲拉格慕，一直都将传统工艺与创新设计作为品牌的发展动力，即使在生产过程机械化的今天，菲拉格慕的皮鞋也仍是以手工缝制完成，由此可见菲拉格慕对品质细节的永恒追求，从而也为自己赢得了"明星御用皮鞋匠"的伟大称号。而今，菲拉格慕是皮鞋、皮革制品、珠宝配饰、服装、香氛及腕表的世界顶级设计者之一。

当年，为了让自己所制造的鞋子能够更加舒适实用，萨尔瓦托勒·菲拉格慕专程到美国加州大学攻读了人体结构学，并在那里了解到身体的重量如何对脚掌造成压力等相关知识；从而也为品牌的未来道路奠定了坚实的发展基础。出生于意大利 Bonito 的萨尔瓦托勒·菲拉格慕，早年间便开始通过当制鞋学徒来添补家计。在当时的意大利南部地区，鞋匠被视为是最卑微的工作之一，但年轻的萨尔瓦托勒却满怀理想，立志要将这个被人轻视的行业发扬光大；13 岁时，他

萨尔瓦托勒·菲拉格慕 2011 秋冬广告画面 —— 条纹褶皱鞋面配以这季独有的千鸟格纹皮底

顺时针左上起：创始人萨尔瓦托勒·菲拉格慕；1938 年为女演员朱迪·加兰制作的彩虹楔跟凉鞋；1927 年，萨尔瓦托勒·菲拉格慕在佛罗伦萨的制鞋工坊；1954 年，创始人菲拉格慕正在为品牌忠实的客人奥黛丽·赫本试鞋；玛丽莲·梦露穿着菲拉格慕的鞋款频频出现于各部电影；菲拉格慕为麦当娜在阿伦·帕克（Alan Parker）执导影片中饰演的"艾维塔"定制鞋款

就已经拥有了自己的店铺，并制造出第一双量身订做的女装皮鞋，从此也开始了缔造自己时尚王国的第一步。

1914 年，萨尔瓦托勒来到美国，先是和兄弟姊妹们一起开了一家补鞋店，继而又来到了加州。当时正值加州电影业急速发展，于是，他从此便与电影结下了一生情缘，由他所设计的众多鞋款，都曾在多部经典电影中现身过，由于越来越多的明星都青睐于在银幕下穿着菲拉格慕的产品，从而也推动了鞋厂订单量大增，鞋厂的日生产量达到了 350 双，但他却并未满足，而是继续试图找寻制造一款舒适皮鞋的秘诀，他甚至为此还专程去大学修读人体解剖学，以发掘出使用不同物料制鞋的新知识和新方法。

1927 年，由于意大利缺乏资深鞋匠，萨尔瓦托勒决定返回故乡，并在佛罗伦萨开设自己的店铺，员工多达六十人，在当时称得上是第一位量产手工皮鞋的伟大商人。然而，在 1929 年华尔街股灾之后，萨尔瓦托勒惟有集中全部精力来开拓家乡市场。连年的战争也让皮革物料进口受到了严重限制，但这也反倒推动了他的设计意念，激发了他的创作激情——他利用树叶纤维及稻草两种材料制造鞋面，鞋底则用木材和水松制成的凹陷型鞋跟，并绘画或刻上鲜艳的几何形图案，或镶上金色玻璃装饰。

1936 年，萨尔瓦托勒设计出漂亮的凹陷型水松木鞋跟，这一设计很快便在人群中广泛流行开来，在二次世界大战期间深得无数女性的欢心。1947 年，凭借其用尼龙线打造的隐形凉鞋，萨尔瓦托勒获得了被誉为是"时装界奥斯卡"的"雷门马可斯奖"(Naiman Marcus Award) 大奖，从而也成为了首位荣誉这一奖项的制鞋设计师。1948 年，萨尔瓦托勒继续引领潮流，尖细的高跟鞋成为华丽的脚上时装，开创出另一番新时尚。萨尔瓦托勒在 1957 年时出版了自传《梦鞋匠》(The Shoemaker of Dreams)，那时他已经创作出两万多种设计并注册了 350 个专利权。1960 年，萨尔瓦托勒与世长辞；在他妻子 Wanda 和六个孩子的带领下，菲拉格慕"鞋子王国"的业务逐步发展为集时装成衣、首饰和皮革等产品为一体的时装帝国，其门店更是遍布天下。其后，菲拉格慕时装集团又在 1996 年取得了法国时装品牌 Emanuel Ungaro 的控制权，1997 年又与宝格丽合作经营企业，发展香薰与化妆品系列；1998 年，菲拉格慕再度与 Luxottica 合作推出眼镜系列，令品牌的发展业务更趋多元化。

自 2011 年秋冬系列起，集团男女装设计总监马西米拉诺·乔尼蒂 (Massimiliano Giornetti) 宣布出任萨尔瓦托勒·菲拉格慕集团所有产品系列的创意总监，引领这一全球重要的奢侈品牌继续前进。马西米拉诺·乔尼蒂自 2000 年 7 月便开始为菲拉格慕设计男装，后于 2004 年荣升创意总监。2010 年 1 月，他又被任命为女装系列创意总监；2010 年 7 月，他出任集团所有产品系列的创意总监。其极佳的创意完美融合菲拉格慕的典型风格和理念，令他的首个完整系列受到各界的极大好评。

从为好莱坞电影设计鞋履作品开始，菲拉格慕的名字便开始渐渐为世人所熟知。这些鞋履以独有的非凡魅力征服了电影服装设计师，更进而以其精致优雅的原创设计及独一无二的风格吸引了众多巨星，成为他们的日常穿着鞋履。从当年的"性感女神"玛丽莲·梦露，到如今的安吉丽娜·茉莉，甚至亚洲女星章子怡、"影帝"梁朝伟以及他太太——金像奖最佳女主角刘嘉玲，著名导演李安等，菲拉格慕与电影始终有着不解之缘。此外，品牌也将潮流逐步扩展到了其他区域，2008 年，菲拉格慕正式推出腕表时计系列，2009 年开辟了网上商城，近年更有多款香氛及家居系列蓄势待发。此外，在 2011 年 10 月携手 Gianni Bvlgari 首次推出高级珠宝系列。更重要的是，2011 年 6 月 29 日集团在 Borsa Italiana S.p.A 管控下的证券交易所正式上市，并一路高歌猛进。

穿着一双载入 20 世纪服装史的经典鞋履是每位时尚女性的梦想；这双鞋必须从每个细节至整体设计都完美无缺，而它也不再是单纯的配饰，而是美学世界中的艺术精品。集团在 80 多年的品牌历程中共创造了 13 000 多款鞋履，共拥有近 350 项与鞋履有关的专利，如今均被保存于佛罗伦萨 Palazzo Spini Feroni（品牌总部）的鞋履博物馆内。而品牌会每季从这些鞋履中汲取灵感，限量制造独一无二的菲拉格慕 Creations 博物馆系列，重新演绎菲拉格慕历史上最著名的经典鞋款，同时推出相配搭的包袋、限量旅行配件以及家具系列等，而这些相关配饰都拥有品牌签名式的印花及缀饰。

集团所有系列产品均以传统超凡的手工打造，采用与原款完全相同的技术、材质及款型，完美重现原款的风采，堪称是时装史上精工细作的代表。时至今日，该系列已重新演绎部分品牌迄今为止最著名的经典鞋款，包括 1947 年为品牌获得时尚界奥斯卡"雷门马可斯奖"的"F"形楔跟凉鞋；根据日本传统木屐制成，附带可换罗缎袜子的 Kimo 凉鞋；为奥黛莉·赫本设计的圆头麂皮芭蕾舞鞋；以及在电影《热情似火》（Some Like it Hot）中玛丽莲·梦露所穿着的那双令人印象深刻的细高跟浅口舞鞋等。

而最经典的莫过于 1979 年由萨瓦尔托勒的长女菲尔玛设计完成的 Vara 鞋，此款鞋一经推出便成了热卖款式，直至今日仍是菲拉格慕最经典的鞋履之一。菲拉格慕的古老工作室中至今还保留着 Vara 鞋的原型，平底窄口的 Vara 鞋前

顺时针左上起：萨尔瓦托勒·菲拉格慕集团设计总监马西米拉诺·乔尼蒂 (Massimiliano Giornetti)；萨尔瓦托勒·菲拉格慕高级珠宝系列；萨尔瓦托勒·菲拉格慕品牌经典的 Vara 平底芭蕾舞鞋；萨尔瓦托勒·菲拉格慕 2011 秋冬米兰女装秀后台；菲拉格慕经典的 Gancino 扣饰

顺时针左上起：纯手工制作的萨尔瓦托勒·菲拉格慕 Tramezza 男鞋；萨尔瓦托勒·菲拉格慕 2011 秋冬米兰男装秀后台；以品牌在意大利总部为灵感的丝巾；1947 年为品牌获得时尚界奥斯卡"雷门马可斯奖"(Neiman Marcus Award) 的"F"形楔跟凉鞋

端饰以一枚椭圆形的小金属片及粗制的罗缎蝴蝶结。菲尔玛说:"这看上去很不错,所以我们便把它拿给制鞋工匠看,请他用和鞋面一样的皮革来制作蝴蝶结,但后来他却误解了我们的意思,用罗缎做出了那个蝴蝶结。"从那时起,Vara 鞋便再也未停止过生产,目前销量已超过百万双,成为该系作品中最成功的一款经典之作。

除了品牌历来的经典鞋款外,菲拉格慕还在 2010 年 4 月全新推出"红地毯 Red Carpet"系列,这是全球首个专为女性出席晚宴、鸡尾酒会等重要场合穿着的定制鞋履系列。其目的是为了让每位女性都能体验菲拉格慕艺术工作室般的精品格调,让她们像红地毯上的明星一样光彩耀目。这一系列强调的是为每位女性度身定做每一双鞋履,鞋款设计新颖别致独一无二,更可将姓名缩写压印到鞋履上,给女性带来真正独一无二的奢华配饰。

自 20 世纪 20 年代公司创始以来,萨尔瓦托勒·菲拉格慕作为世界顶级鞋履设计生产品牌,其最重要的制鞋工艺便秉持只在内部制鞋部门口口相传。每一个新系列都由设计师与制鞋师对款式、材质、鞋跟高度、足弓弯曲度进行长时间研究计算;并精选最优质的皮革,以保证鞋履在穿着时的柔韧性、稳定性以及舒适性。菲拉格慕的鞋履在足弓处垫以优质钢片来支撑小腿,使之在站立和行走时异常稳固,菲拉格慕自 20 世纪初便开始采用这项技术,并于 50 年代申请专利。每双菲拉格慕鞋履都需要 10 天的制作时间,其中 5 天用于制作鞋楦。整个制作过程共有 134 道工序,由专业人员参与并指导,特别是最后的缝合整饰等生产程序仍坚持采用纯手工制作,而这其中的翘楚便是 Tramezza 系列男士鞋履。

Tramezza 系列以其独特的制造技艺与品牌近百年历史的传统手工间的完美结合,是萨尔瓦托勒·菲拉格慕最具独特气质的男鞋系列。2011 年底全新推出的"特别定制系列"Tramezza 男鞋更是包含 260 多道精细手工工序,需耗时三个多星期。集创新与传统于一身,完美糅合了源自一流工坊的美学研究与现代设计,兼具正装的奢华以及精致的细节;鞋履的制作在一间小型工作室进行,每天只能生产 10 双,代表了品牌的精湛工艺传统、手工技艺与皮革处理工艺,更体现了品牌独一无二的风格传统与顶级材质的完美融合。

回到今天,菲拉格慕在全球各大城市都是备受推崇。截止到 2011 年,菲拉格慕已在中国开设了 48 家店铺。如果不是品牌最初选择了遵循传统工艺和创新设计的伟大精神,以及一座适合与自己品牌内涵并驾齐驱的城市,它又怎能在竞争激烈的国际时装界成功立足并得到世人的一致认可?

史蒂芬劳尼治
STEFANO RICCI

对于讲究生活品质和细节的男士来说，在高级服装订制店花上一个下午的光阴，享受意大利老裁缝专业优雅的私人量身订制服务，是当今绅士与流行时尚最古老的对话方式。史蒂芬劳尼治致力于为中国顶级绅士提供最奢华而私密的定制文化，从 1994 年延续至今，史蒂芬劳尼治都坚持于将国际一线流行时尚与意大利古老而濒临失传的手工工艺完美缝合，为中国精英男士提供独一无二的私人尊属服务。

生于 1949 年佛罗伦萨一个时装世家的创始人史蒂芬·劳尼治（Stefano Ricci）先生，自小受到家族事业的熏陶，早在青年时代就已开始利用他父母的设备来制作属于自己的领带系列，从而在往后的几十年中逐步建立起自己风靡全球的领带王国。在 1972 年全球最重要的 PITTI IMMAGINE UOMO 男装盛会上，作为首次参加的新面孔，史蒂芬劳尼治的领带便以独树一帜的风格开始崭露头角。在此后的年月里，经过客人们的一致肯定和不断推崇，终于在 1980 年推出了独特的衬衫镶拼设计。

1997 年，同样在 PITTI IMMAGINE UOMO 盛会上，史蒂芬劳尼治大胆呈现出其品牌的服装系列，并于当年的 7 月 26 日在 Montecatini terme tettuccio 举行的公司 25 周年庆典上隆重地宣布了其香水系列产品的诞生。基于史蒂芬·劳尼治先生对于意大利佛罗伦萨美学的独到见解和对精致生活品质的追求，1999 年 6 月，意大利著名汽车生产商"兰博基尼"向他提出了合作意向，诚意邀请劳尼治先生主持设计了"兰博基尼"Diablo 全球限量版超级轿跑车，并将这全球唯一一辆限量跑车在美国进行公开拍卖，所拍款项则全数捐赠给了科索沃难民。

全鳄鱼皮旅行袋、手工制镶拼鳄鱼皮正装鞋及史蒂芬劳尼治纯银磨砂饰皮带

顺时针左上起：史蒂芬·劳尼治先生；传统裁缝师为宾客量身定制；上海波特曼旗舰店；意大利佛罗伦萨旗舰店；史蒂芬劳尼治传统手工编织现场

在几十年的品牌发展历程中，"极致奢华的艺术品"已然成为它的代名词。其设计灵感源于自然，在很多细节上采用动物身上艳丽的色泽、完美的花纹纹路来体现产品的卓越不凡，从棉线到面料，从图案设计到上色印染，从剪裁到缝制，每一件作品都是意大利工匠精心手工缝制而成，每一件产品都以艺术品般的稀有和华丽呈现在世人面前。这般极致奢华的艺术体验享誉全球，全球知名的影星，企业家等不惜重金购买和收藏史蒂芬劳尼治产品，科尔、文莱苏丹、曼德拉、戈尔巴乔夫、里根、印尼皇室、史泰龙、汤姆·克鲁斯、罗伯特·德尼罗等各国政要也都已经成为史蒂芬劳尼治品牌的忠实顾客，而史蒂芬劳尼治先生本人则因此成为曼德拉总统、文莱国王的密友，并受到英国女王的接见。

在顶端定制男装行业中，正是服装衣料的高贵品质搭配上传统工匠们精益求精的缝制水平，这使得一件高质量的成衣大大区别于普通的服装。一件成衣品质的优劣，最重要的因素是来自于衣服的面料和做工工序。史蒂芬劳尼治的西装在设计上承袭了几个世纪的古老剪裁技术，每一套定制的西装都需要几十个小时的制作时间，经过不少于186道的不同工序，并分成90个部分完成熨烫。在领子和驳头处均采用天然羊毛垫衬，而袖子、袖口更是全部使用真丝和百分之百纯棉线手工缝制，甚至每粒钮扣都是工匠们亲自完成缝制的。

在布料选材方面，史蒂芬劳尼治更是将极致奢华的品牌理念发挥得淋漓尽致。史蒂芬·劳尼治先生亲手设计草图，指定在意大利一个名为 Riva 的小岛上定织全棉衬衣面料（Riva 岛以高超的纺织工艺闻名于世），并严格限制定织数量从而保证面料的专属性和珍贵性。在布料用于生产前将存放于一个房间内释压三个月之久，这个工序可以提高布料纤维的延展性和稳定性。西服面料则按同样程序指定由英国超过 100 年历史的面料织造厂根据史蒂芬劳尼治设计定织。最后，再由经验丰富的裁缝工匠精工细作，用精湛的手艺将这些衣料变成一件件高贵典雅的定制男装。该品牌服装定做的时间一般控制在三个月左右，在经过了量体裁衣、纯手工缝制、熨烫包装后，那一件件如艺术品般精致的服饰则由各门店的服装顾问亲自送到顾客手中。除此之外，为了避免打扰客户繁忙的工作生活节奏，史蒂芬劳尼治还特别推出了到府定制服务，让顾客重温起源于文艺复兴时期裁缝工匠为各位达官显贵们贴身量体的尊崇服务。如果选择了定做该品牌的服装，您将可以拥有一套集合完美手工缝制、高品质的面料以及独一无二的设计理念的服装。

不仅如此，在服装设计上，史蒂芬·劳尼治先生也有着过人天赋，在衬衫、领带、袖扣等产品上得到了最大的体现。他将"镶拼"技术应用到了衬衫的衣领和袖口上，每一款经过特殊设计的衬衫在全球门店中仅限量发售。220～240

支的全棉专属面料饰以天然珍珠母贝制成的纽扣，采用绝世仅有的每英寸 25 针手工缝制法，史蒂芬劳尼治造就了衬衫类产品的"艺术奢侈品"。

被誉为"领带之王"的史蒂芬劳尼治品牌，以 Quadro 的独特印染方法将繁复的颜色以具有金属光泽的效果深入印染于面料上。其著名的补缀领带 (Patchwork Tie) 独创了全球特有及名贵的手工领带制作工艺，将 200 多小块不同花纹的真丝面料以分毫不差的手工艺缝制在一条领带上，且每条领带的花纹相拼方式绝不重复，这使得每一条均成为了世上独一无二的珍品。作为品牌另一标志性产品的立体折叠领带 (Pleated Tie)，则一改普通领带那种沉闷单一的平面视觉效果，首次将立体效果引入领带行业，为领带产品注入了饱满的立体线条。正是凭着出色的创意和手工技巧，史蒂芬劳尼治的领带被业界推崇并成为争相效仿的对象。

史蒂芬劳尼治品牌的珠宝袖扣系列，所有产品都以传统手工工艺，将钻石、玛瑙、宝石、白金、黄金或纯银、鳄鱼皮等通过精巧的设计和巧夺天工的手艺变成一件件珠宝艺术珍品，您可以在它的袖扣中发现甲虫、蝴蝶、花朵等设计元素的华美身影，且每个款式在全球限量发售，部分经典款仅接受私人定制。因此史蒂芬劳尼治的袖扣系列持续被美国奢侈品权威杂志《Robb Report》(罗博报告) 评为全球第一的男士袖扣产品，其领带、衬衣和西服系列更是屡次被评为年度极品前三甲。

除了服饰配件系列外，史蒂芬劳尼治的皮鞋全由堪称大师级的意大利工匠手工缝制。从极富时尚创意的设计到使用最上乘的皮革，如：密西西比鳄鱼皮、非洲鸵鸟皮、澳洲小袋鼠皮、安哥拉蛇皮、鲨鱼皮、大象皮等。在该品牌的皮类产品里，整张经过精心挑选的鳄鱼皮只能制作成花纹完美对称的一双皮鞋和一条皮带。公文包等箱类产品的制作更是不计工本。公文包和手提箱正反面均由整张鳄鱼腹部皮制成，锁扣装置更是由蓝宝石、钻石和黑色玛瑙等稀有宝石制成。这所有的一切都极具彰显了史蒂芬劳尼治的奢华尊贵，为社会各界商业精英、政府高官要员、艺术家、追求极致完美品质的社会知名人士创造了与他们的尊耀地位相得益彰的男士服饰产品。

在最新一季的佛罗伦萨产品系列中，为了向超现实主义画家 Magritte 致敬，该品牌推出的 2011 ~ 2012 秋冬系列，集齐了其 17 副画作，对该艺术家的印象派作品进行了全新演绎。本季新品是艺术与量身定制品的红色纽带，它将工匠们的手工艺推向了艺术巅峰。一本典藏目录，伴随着新一季的男士着装理念以及家居时尚。通过对艺术画作的理解吸收，将美学、功能性、革新技术在高品质手工产品上发挥得淋漓尽致，这种纯美的体验是作为一个时尚缔造者毕生所追求的与艺术之间的相容贯通。"这也是我们通过 Magritte 的艺术品作为一种

顺时针左上起：史蒂芬劳尼治专属面料系列产品（西服、领带、衬衣）；史蒂芬劳尼治限量印花真丝衬衫；史蒂芬劳尼治名贵珠宝袖扣系列；史蒂芬劳尼治专属手工艺镶拼真丝衬衫；史蒂芬劳尼治专属面料系列产品（西服、领带、衬衣）

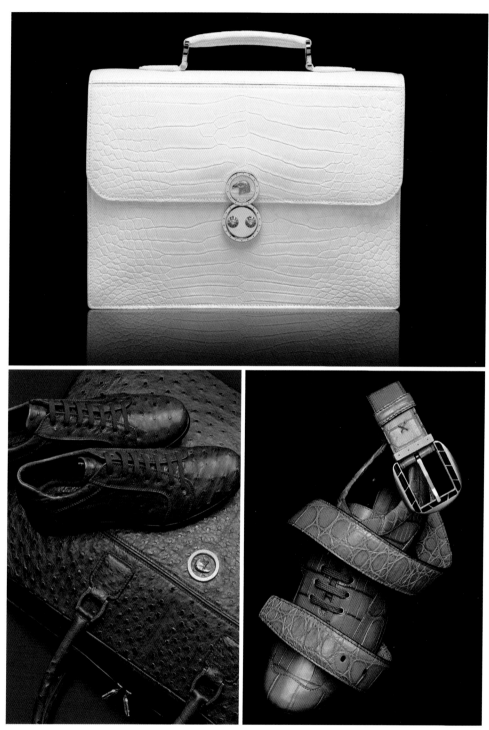

顺时针左上起：全鳄鱼皮手工制公文包；全鳄鱼皮手工制运动鞋及纯银珐琅饰皮带；全鸵鸟皮手工制旅行袋及运动跑鞋

'叙述' 来表现本季新系列的原因。他是当代比利时最经典的 '超现实主义' 代表，也是原创欧洲的典范。" Filippo Ricci 这样描述到，他是这本目录的主编。本季的服饰和配件与相当数量的著名画作相辅相成，喻示着要超越这些实体本身的价值。艺术家 Magritte 几乎都是因梦境激发了他的创作灵感去完成每一幅画作，由此借助摄影技术来将该品牌服饰缔造成同样风格的美梦之幻。

史蒂芬劳尼治于 2009 年斥巨资收购一家仍使用 13 世纪的意大利传统梭织织布工艺的装饰布艺生产厂，并保留了他的整个团队。这样的织布机，在当今世界上仅存有两台，其中一台保存在大英博物馆作为展示品，而另一台就放置在史蒂芬劳尼治意大利的工厂中，每天继续着它的本职工作。此举用以扶持频临失传的传统手工艺，在保留了意大利传统文化产业的同时，进一步延续推动了精神理念的传播。史蒂芬劳尼治更具创意地将过去该织布机织出的仅用于欧洲及俄罗斯沙皇宫殿的布艺用于其服饰系列，在不经意处散发着传统工艺的不朽魅力。正是史蒂芬·劳尼治先生这种对传统文化的坚持、对完美的追求，缔造了品牌极致奢华的理念，而坚持由他本人亲手设计全系列产品则是对品质信誉的一种保证。

到目前为止，该品牌的专卖店已经遍布纽约、贝弗利山、巴黎、米兰、佛罗伦萨、莫斯科、迪拜、首尔、北京、上海、澳门等几十个全世界主要城市。早在 1994 年，史蒂芬·劳尼治先生已极其敏锐地观察到了亚洲市场对于奢侈品行业的消费变化。经过几度探访与实地察看，最终在中国上海的波特曼丽嘉酒店大堂开设了全球第一家完整系列的史蒂芬劳尼治服饰专卖店。在经过初期入市时与实际市场需求的不断磨合后，从 2001 年的 9 月到 2009 年相继在成都、北京、西安、澳门开设店铺，2011 年将上海波特曼的专卖店扩建为中国旗舰店，同年 7 月开设上海半岛店，以满足中国客户对于该品牌产品的推崇和热爱。

如今，在中国所有的史蒂芬劳尼治店铺里，顾客都已经享受到了它周期性推出的高级定制服务。从超级 220 支的全棉面料，限量定织超过 200 支的西装面料，到一些鳄鱼皮、鸵鸟皮、蜥蜴皮、西班牙斗牛皮、海豹皮等稀有皮革的预定，并可在专属定制的产品上印上自己的名字。首席裁缝师更是每年会亲临中国，为超高端顾客提供一对一量身定制服务，这使得众多顾客都趋之若鹜。随着品牌高级定制服务的不断提升，在未来您将有更多的机会体验"现代奢华"的产品精神和服务理念。

史蒂芬劳尼治就是这样一个传承了经典服饰制作技巧的意大利男装奢侈品牌，坚持精心设计、并不惜成本地限量定制最上乘衣料，加以采用濒临失传的古老手工工艺，生产出最能代表意大利艺术理念的在全球男装定制行业中堪称最高水平的服饰。

托德斯
TOD'S

优雅而又简洁的奢华、追求极致的品味、令人羡慕的质地……这些便是托德斯长久以来的一个标志性特征，同时也是其能够拥有无数忠实拥趸的最主要原因。"只有在意大利，你才能找到世界上最棒的鞋子。"这句话几乎已经成为了所有现代人心目中所毋庸置疑的一条真理。

数年前，国际时尚界突然掀起了一股托德斯旋风，从时装秀到奥斯卡颁奖典礼，但凡有名模明星、社交名流出席的场合，都可以见到这家意大利奢华品牌的"芳踪"。一时间，曾纵横国际的古驰、路易威登和 Testoni 似乎都已偃旗息鼓，莎朗·斯通、哈里森·福特、辛迪·克劳馥……几乎人脚一双托德斯的便鞋、人手一只托德斯的提包，托德斯似乎也已经成为了各界名流们的一个"生活必需品"。

托德斯究竟有何魅力，能够令如此众多的当红明星，甚至于戴安娜王妃、摩纳哥公主，都纷纷成为了其忠实守护者？答案或许正如托德斯掌舵人迪亚哥·迪拉·维利（Diego Della Valle）所言："我们要设计出像 Levi's 般、有如生活必需品的鞋子！"的确，托德斯品牌成立不过二十余年，但是创立品牌的维利家族却有着长达百余年的制鞋历史，神圣的家族血统令其拥有较一般公司更为紧密的合作关系，同时也能让精致的工艺得以完整深入地一脉相传。迪亚哥·维拉凭借其对市场的敏锐嗅觉，观察到那些懂得奢华生活品味的上流社会人士在休闲时刻对一双"高品质"好鞋的迫切需求，于是再后来，便有了品牌的问世。如果说追求一款顶级的品牌提包是一种虚荣，那么，对托德斯的虚荣绝对是完全值得的；它深沉而又完美，因为低调，所以能够躲得过任何媚俗仿冒者的跟踪，品质实用耐看、历久弥新。

采用 Vachetta 皮革制成的托德斯 D-Bag 皮包系列

顺时针左上起：托德斯品牌董事长兼 CEO Diego Della Valle 先生；品牌总部外景；无与伦比的手工技术；品牌手工制作工匠；品牌 Logo 的刻印工具

托德斯的传奇，是关于简约型意大利皮具的传奇。多年来，托德斯只有皮底、胶底、软底三款 Moccasins 便鞋及 D-Bag、Eight Bag 两款皮包系列。托德斯的所有产品均为意大利制造，且每款产品的每一个制作步骤也都是以纯手工完成。

托德斯的成功故事就像是电影情节一样——一位小伙子继承了家族生意，并很快为其引入了新一代的为商之道，引领生意突破从前、迈向国际。托德斯最初只是一家家庭作坊式的小鞋厂，20世纪40年代前后发展成为一家规模庞大的集团。

迪亚哥·维拉是这个时装电影的主角，他在20世纪80年代继承了祖父菲利普·维拉的制鞋厂，此后便将这家小型鞋厂从当年的家族作业，成功转型为工业厂房。时至今日，公司已不再是当年那个小工厂，而是一家市值超过一百亿欧元的国际级皮具集团——托德斯 SPA。

托德斯的招牌产品、鞋底与鞋跟处有着一粒粒圆胶的 Moccasins 便鞋，创作灵感便来自于维拉。维拉的这一构思不仅代表了品牌的标志，更有着异常实际的功能。当时，他与法拉利公司总裁卢卡迪·蒙特泽莫罗（Lucadi Montezemolo）一同商讨，打算设计出一款极为轻软、具备防滑作用、可当"开车鞋"用的便鞋；另一方面，由于托德斯的所有鞋子均坚持以手工缝制，而这些小凸点也正好可以让鞋底的缝制过程更为精准。

紧接着，一个响当当的意大利制造精品、举世闻名的"豆豆鞋"（Moccasins-Gommino）便诞生了！这款问世于1986年的平底休闲鞋，鞋跟及鞋底处镶嵌有133颗橡胶粒。看来，意大利式的时尚的确与意大利式的华丽足球一样，与生俱来的脚下功夫都是堪称欧洲乃至世界一流。

维拉是个聪明的生意人，每当有新品推出，他便会率先进行市场测试，将新产品送给一些时尚界名人试穿，比如说摩纳哥公主卡洛琳，在测试其受欢迎程度的同时，也可以为鞋子做做宣传。

多年来，"豆豆鞋"的风格不断更新，衍生出众多在材质、色彩及细节上各不相同的绚丽款式，尽管其最初是专为夏季设计，但鞋后装有厚厚橡胶底的冬季鞋款也在后来获得了极大成功。

1997年，维拉先生进一步扩展了公司的产品系列，推出了一款糅合经典与现代元素、但又不失别致的拎包作品——D-Bag，完美体现出公司鞋品所一贯坚持的质地、设计风格与品牌精髓。D-Bag 采用品牌最经典的 Vachette 小牛皮制作完成，完美的细节蕴藏着"意大利制造"的精致手工工艺。

从皮革选材、剪裁缝制，到缀上品牌标记、组装内衬，D-Bag 均是由工艺精湛的意大利工匠亲手完成，设计更是彰显出摩登奢华之简洁和华美精髓。每个角上的皮帮都带有独特的"Tod's"标记和细节，底部则以金属点缀皮革，同时也确保了手袋不会因受刮擦而受损。

D-Bag 是品牌优秀品质的伟大代言，完全经得起时间和历史的考验；D-Bag 手袋系列分为大、中、小三种规格，皮质分为小牛皮、黑漆皮和鳄鱼皮，时下已成为每一位穿着考究的女士所必不可少的经典标志。

品牌所遵循的设计原则是：从开始制作，直到将它们送到那些忠实拥护者和名人顾客手中，每一件托德斯的产品都将会是在同样的细致与研究下精心完成。

的确，无论是皮鞋还是提包，从进行打造的第一个步骤起，到呈现出其恒久却又不失完美的现代设计风格，品牌无疑就是手工制作经典男女鞋款的完美化身。让人震惊的是，每一款皮鞋的制作过程，竟然超过了 100 多道工序。根据不同的设计，一款鞋最多会使用到 35 片皮革，而每一片都会经过单独的处理，并在最终制作成鞋前经过严格的手工检验；整个制作过程都是以手工完成，期间的每一道工序也都是由专门致力于该道工序的精湛工匠来操作完成。

品牌的仓库内存放着来自世界各地制革厂品质最为上乘的皮革原料，有些皮革就如同一杯红酒一样，需要经过长时间的存放，才可最终达到理想的形状和质地；技术专家负责检验每一件皮革材料，并时刻监控它们的颜色、厚度、质地。因此，这些皮革都是统一规整的，那些不符合标准的材料会被彻底淘汰，制作成型后，技术人员还会仔细检查鞋子的质量，哪怕存在微小的瑕疵，也会被挑出销毁。除了主打产品以外，托德斯同时还生产 Hogan 及奢侈服饰品牌 Fay。托德斯公司拥有意大利最大的奢侈鞋品生产基地，总部位于意大利安科纳，那里是全球最集中的制鞋区域——在不到 50 平方公里的面积上，总共坐落着 2 700 多个大大小小的鞋品实验室。

2006 年，托德斯在时装周上举办了一场名为"The World of Pop"的展示活动。由著名设计师丹特·菲拉提（Dante Ferretti）和迈克尔·罗伯茨（Michael Roberts）联袂为品牌打造出了一系列的限量版精品，如彩色的"大眼"系列包包、"豆豆鞋"、丝巾披巾等，张扬的鲜绿、鲜蓝、鲜黄及鲜红四种颜色，都被一只只抽象的眼睛"尽收眼底"。

继在德国杜塞尔多夫、慕尼黑、柏林、法兰克福等地开设分店之后，托德斯又在随后于汉堡开设了第 17 家全球旗舰店。230 平方米的店堂更像是座"殿堂"，设计师运用了大量精美的大理石、水晶、玻璃等材料，完美展现出店铺设计中的视觉光线艺术。店铺里陈列的众多男女装、鞋包、腰带及帽子等产品，全部都是出自于时尚圈炙手可热的美国设计师德雷·克拉姆（Dere Klam）之手。

顺时针左上起：Jessica Alba 手提 D–Bag 女包；2009 年的 D–Bag 系列；2008 年 D–Bag 系列；2010 年 D–Bag 系列

上起: 女式豆豆鞋 Gommino 系列; 男式豆豆鞋 Gommino 系列

6月22日，公司又在成都开设了其在中国西南地区的首家精品店。店铺开幕当天，公司专程从意大利请来了数位传统手工工匠，为观众现场展示了"豆豆鞋"的手工制作工艺。2007年5月，品牌又邀得好莱坞当红影星西耶娜·米勒(Sienna Miller)担任2007/08秋冬广告的主角。宣称广告由国际摄影名家迈克尔·扬森（Mikael Jansson）执镜，凸显出品牌的全新发展方向——耳目一新的形象面孔，走在潮流尖端的时尚服饰……

　　对此，维拉先生表示："西耶娜是演绎品牌风格和品牌文化的最佳人选，她年轻迷人，充满了高贵的典雅气质，举手投足之间，漫不经心地便可传达出公司产品的无暇品质、时代感及其所象征的唯美之梦。"

　　品牌全新2011春夏系列则着重于高品质皮革，皮革表面与内层结构的混合，呈现出皮革的天然色彩。即便是加入不同的颜色组合，也都能在鲜艳的色彩当中，展现出产品的自然色调。春夏女装系列主要为柔软的小羊皮、珍稀的鳄鱼皮和蟒蛇皮，再配以大自然的微妙色彩；而男士运动系列代表款Competition，也在当季成功推出了颇具复古气质的完美之作。

　　全新Shirt Bag是以柔软的小羊皮精制而成，配以抽带设计，令手袋的形状更显轻盈有致。Shirt Bag轻柔而不拘形式，采用了极品皮质，令往来于世界各地的优雅女性都可轻巧收纳，且多次折叠手袋也不会有所损坏，无疑是现代时髦女性的必备款式。全新手提袋Tote Bag也是外形优雅，采用了直线设计，同样由质地柔软的小羊皮和鳄鱼皮制成，造型经典、时尚耐用。

　　2011"豆豆鞋"系列在本季也是大行其道，由金属皮革、色彩缤纷的鹿皮及鳄鱼皮等多种材质制成，另备一系列颜色可供选择。芭蕾舞平底鞋在鹿皮上又加上了银色系带，为这一经典款式更添特色；高跟鞋款式则以优雅著称，设计简约却又不失细致，无论在剪裁、编织工艺，还是在明线设计上，均体现出品牌所惯有的完美外形。

　　不管是面对万千明星，还是贵族中的新生力量，托德斯都能让人以贴近生活而又不失身份的生活方式出现在众人面前，尤其适合于旅行度假、休闲时光。在好莱坞及纽约上流社会当中，托德斯所代表的就是"最顶级又舒适的鞋子"与"最简单又经典的皮包"。

　　维拉先生相信，托德斯之所以会广受欢迎，并不是因为什么市场策略或名人效应，而是托德斯所一贯坚持的品牌哲学设计理念，即经典而又摩登的精致产品；因此，即便在外观上千变万化，但在未来，托德斯仍将会继续坚持以最传统的技艺来制造皮鞋和提包，创造出更多的国际时尚界传奇。

华伦天奴

VALENTINO

华伦天奴是全球高级定制和高级成衣领域最顶级的奢侈品牌之一，洋溢着意大利人独特的生活品味和罗马式的高贵华丽气息。华伦天奴所代表的是一种宫廷式的奢华，高调之中隐藏一股深邃的冷静，从 20 世纪 60 年代以来一直都是意大利的国宝级品牌。

记录一代设计大师华伦天奴·格拉瓦尼（Valentino Garavani）传奇一生的传记电影——《华伦天奴：末代王尊》(Valentino: The Last Emperor) 也于 2008 年在多伦多国际电影节上公开上映。

华伦天奴大师的服装设计，讲究运用柔软贴身的丝质面料和光鲜华贵的亮丽缎绸，加之合身剪裁及华贵的整体配搭，呈现了名流淑女们梦寐以求的优雅风韵，也赢得了杰奎琳·肯尼迪、玛格丽特公主、美国前"第一夫人"南希·里根以及好莱坞大明星茱莉亚·罗伯茨、妮可·基德曼、丽斯·赫尔莉等人的一致青睐，而这些人也因此而被冠以"Val's Gals"（Valentino 的女人）这一名贵头衔。

富丽华贵、美艳灼人是华伦天奴品牌的最大特色，华伦天奴喜欢用最纯的颜色来打造服饰，鲜艳的红色可以说是品牌的标准色调；华伦天奴做工十分考究，从整体到对每一个小细节都做得尽善尽美，是豪华与奢侈生活方式的典型象征。

华伦天奴大师本人也凭借过人的设计天赋，成为了上流社会生活方式的伟大缔造者，他与众多名流交往甚笃，并且还曾毫不掩饰地说过："我就是专为有钱人做衣服的设计师……"华伦天奴的生平，就是一部伟大的时尚艺术史，一部树立"Made in Italy"战略意识的商业改革史，体现了一家工作室发展到时尚王国这一传奇经典的历史进程。

华伦天奴 2011 秋冬女装系列

顺时针左上起：华伦天奴品牌设计师 Chiuri 和 Piccioli；华伦天奴集团总部；集团总部内景；不断追求卓越的手工技艺；巧夺天工的手工技艺

华伦天奴·格拉瓦尼 1932 年出生于意大利伦巴第，幼年起便渐渐展露一种出众的艺术天赋和审美情趣。后来，他选择了时装设计和法语课程，以便为自己日后移居时装与文化之都——巴黎做准备；17 岁那年，年轻气盛的华伦天奴回到意大利罗马，开始独自创业。

　　1960 年，华伦天奴成立了"Valentino"品牌公司。创业初期，他便深切体会到了行业竞争的残酷压力，甚至还曾一度在被同行淘汰的悲惨境地中苦苦挣扎。但正如他自己所说："或许就是在那种环境里，我慢慢养成了一种耐心与谦虚的性格。"经历挫折后，华伦天奴变得更加的理智成熟，潜心将这家自创品牌融入到了奢侈品行列之中。

　　1962 年，华伦天奴开始登上国际舞台，在意大利时尚之都——佛罗伦萨的 Pitti 宫殿举办了自己的首场时装发布会，品牌随即一炮走红，被纷纷飞来的国外定单和媒体评价所团团包围。到了 1965 年，华伦天奴已成为意大利时尚潮流的领导者。

　　1967 年，华伦天奴在美国德克萨斯州荣获了被誉为是"时装界奥斯卡奖"的 Neiman Marcus 大奖。不过确立其世界顶尖级时装设计师地位的，却是华伦天奴于 1969 年推出的"白色系列"，此外还有 V logo 纽扣、口袋和饰物品牌系列。与此同时，华伦天奴的作品还登上了《时代》和《生活》等知名杂志封面，在品牌客户群体中得到了极高赞誉。

　　1972 年，华伦天奴推出了品牌的女装成衣系列和男装成衣系列，并在罗马和米兰开设了专卖店；1978 年，华伦天奴在巴黎推出香水系列。

　　同年，华伦天奴家族和华伦天奴·格拉瓦尼达成协议，两方采取分兵而治——华伦天奴·格拉瓦尼在服装类产品上拥有 Valentino 的商标专用权，玛丽欧·华伦天奴则拥有皮鞋及皮具类产品的商标专用权。此外，由于卓凡尼·华伦天奴的品牌成立时间是在这个协议产生以后，因此他既可以生产鞋类皮革制品，也可以生产服装，但所有产品必须要用商标的全称，即卓凡尼·华伦天奴（Giovani Valentino）。

　　进入 20 世纪 80 年代，华伦天奴在美国和日本分别开设了华伦天奴专卖连锁店，并建立了分支机构。1982 年，纽约大都会艺术博物馆首次为举办华伦天奴的个人时装展而对外开放；两年后，为庆祝华伦天奴设计室成立 25 周年，意大利工业部特授予其一项荣誉勋章；同年，华伦天奴被指定为参加洛杉矶奥运会的意大利运动员设计服装。

　　1985 年，华伦天奴推出"梦幻画室"展，包括为 Scala 戏剧院歌剧演员所设计的一系列服装作品，该展室位于米兰的 Sforzesco 城堡，意大利总理出席并主持了开幕仪式。1986 年，意大利总统授予其意大利官方的最高荣誉奖——"Cavaliere di gran Croce"。一年后，华伦天奴品牌首次进入中国市场。

1989 年，华伦天奴在罗马时装设计室附近举办了一项名为"Accademia Valentino"的品牌艺术展。1990 年，在朋友伊丽莎白·泰勒的鼓励下，华伦天奴与吉米迪创建了"L.I.F.E."基金会，将"Accademia Valentino"的活动收入全部用于救助艾滋病患者。

1991 年，为庆祝设计室成立 30 周年，华伦天奴在罗马举办了两场备受瞩目的展览活动，而华伦天奴的创作也已被官方确认为意大利的国家艺术财富。一是以罗马市长的名义组织、并在罗马首都博物馆举办的华伦天奴艺术展，展品包括在华伦天奴的品牌发展历程中，由世界著名摄影师和艺术家所完成的最初草图、摄影及绘图等代表作品。

另一项展览，则是由华伦天奴组织策划的"华伦天奴：三十年回顾展"，作品包括 300 多件极具创作意义的服装，反映出华伦天奴的基本设计风格，以及来自艺术、自然、民族和动物主题的诸多创作灵感。他的象征色是白色和红色，分别象征梦幻与生命，特别是著名的华伦天奴红。

当时有不少人都这样评价道，"此次展示会就像是一幅形象生动的壁画，完美展现了意大利时装及其产业发展的历史进程"。鉴于华伦天奴品牌的艺术价值及其所引起的强烈反响，1992 年，华伦天奴被邀请到纽约进行展览，不到两个星期的时间，"华伦天奴：三十年回顾展"竟在纽约吸引了七万多名观众。华伦天奴随后便将此次展览的门票收入及拍卖所得全部捐赠给纽约医院，用于建立一家全新的艾滋病治疗中心。1999 年，华伦天奴在法国巴黎时装周上再度推出新装。

进入 2000 年，华伦天奴·格拉瓦尼获得了由美国时尚设计师委员会颁发的终生成就奖，华伦天奴·格拉瓦尼的创作和企业家生涯一时间成为了意大利时尚界最重要的一个组成部分；他的名字代表着想象与典雅，现代性和永恒之美。

2001 年 3 月，茱莉亚·罗伯茨穿着一件华伦天奴古董裙出席奥斯卡颁奖典礼并领取了"奥斯卡最佳女主角"奖项，随即这间裙子也随着她的身影，一同出现在了各大电视台、报刊及杂志之上，成为了世人瞩目的焦点。

2002 年 2 月，华伦天奴·格拉瓦尼代表意大利出席了盐湖城冬季奥运会闭幕式；2005 年，由华伦天奴·格拉瓦尼执掌的 Valentino Fashion Group 正式上市；同年 2 月，影片《飞行家》中的女演员凯特·布兰切特穿着由华伦天奴·格拉瓦尼为其量身打造的一袭黄色长裙领取了奥斯卡最佳女配角，舞台上顿时艳光四射。

华伦天奴 2011 秋冬女装系列和男装系列

华伦天奴与超模们

此外，哈利·贝瑞的华伦天奴米色雪纺裙、娜奥米·沃茨的白色丝裙、克莱尔·丹尼斯的紫色丝裙以及帕特丽夏·阿罗蒂的红色裙，也都曾是金球奖颁奖礼现场的绝对主角。

华伦天奴给人的印象一直都是奢华高雅、贵气逼人，最为经典的，便是皮包上的玫瑰花造型。而2011春夏系列手袋却来了个形象大转变，为优雅的皮包上加上了铆钉装饰，显得帅气可爱，个性十足。

而华伦天奴特别推出"Garden Party"系列，则以绽放的繁花来呼应花园派对的主题，由设计师Maria Grazia Chiuri和Pier Paolo Piccioli共同合作完成，同时也为万千都会女性奉上了无与伦比的华丽美感。

"Garden Party"系列鞋包配饰采用丝绸、尼龙、雪纺、蕾丝、皮革、草编等多元化质料，花朵的表现手法包括平面水彩印花及手工立体花朵。印花图案彰显了水彩画的灵感，充满清新雅致的质感，大量玫瑰粉、紫罗兰、苔绿色的渐变晕染也是颇显诗意。

华伦天奴水彩印花双肩包及日常挎包，除了印花图案之外，还添加了彩色钉珠和缎带蝴蝶结的装饰元素，甜美而不失动感，再搭配简单休闲装束，足以将春夏的绚烂与朝气充分表达。手工立体花朵装饰的华伦天奴手袋，则是高超手工艺与相异材质混搭碰撞的伟大艺术品。皮质手工花朵经过复杂程序及工艺加工制作，花蕊与花瓣都显得尤为生动逼真、惟妙惟肖；草编手拿包搭配立体皮质花朵与漆皮搭扣，轻松把玩各种材质的精微变化，让女性在不经意间游离于硬朗与温柔之间。三层立体花朵蝴蝶结装饰的华伦天奴高跟鞋，闪亮漆皮演绎着浓郁的墨绿与优雅的裸粉，尽显时尚摩登气质；印花缎面款则彰显出都会名伶的温婉与精致气质。

将晚装转化为日装的概念在2011早秋也是非常流行，两位设计师为华伦天奴全新打造的2011早秋系列名为科技定制（Techno Couture），将品牌标识——玫瑰、荷叶边、褶饰等主题，以穿着随意的弹力毛料重新演绎。

华伦天奴大师无数的标志性设计，在国际服装界都有着重大意义。标准色"华伦天奴红"（Valentino Red）的采用，以浓烈而华贵的霸气震慑人心；那极至优雅的"V"型剪裁晚装，更是让人不禁折服在纯粹和完美的创意之中。

华伦天奴的传奇被公认为"意大利制造"的标记，他的品牌战略和创意曾一度推动全球时尚界进入新的领域，显示出胜人一筹的帝将雄风。在一个个美艳的手包背后，时尚界设计天才华伦天奴将浓烈与单纯的色彩世界玩得是得心应手、游刃有余；这位世界上比女人还要懂女人的设计师，还将以自己更醒目的作品，将女性的性感、华贵与纯粹气质表现得淋漓尽致……

圣罗兰

YVES SAINT LAURENT

伊夫·圣罗兰（Yves Saint Laurent），法国最宠爱的设计师之一，为国际服装指引新道路的先驱，普鲁斯特的追随者，优雅、敏感，而又满怀热忱；继香奈儿和迪奥之后，他为时装带来了充满色彩与灵感的四十年。2011 年 8 月 1 日是他的第 75 个生日，纵然已离世三年，但 YSL 的风格依然留存于世，并持续散发着那份独有的唯美与神秘，永远不可替代。

四十多年前成立于巴黎的圣罗兰品牌最开始是为迪奥公司设计时装，随后便开始经营自己的独立品牌，前卫而古典，至今品牌的旗舰产品依然是一系列价格昂贵的高级时装，产品系列包括有香水、饰品、鞋帽、护肤化妆品及香烟等。

圣罗兰品牌以巴黎左岸创新时尚的独特风情开创了色彩缤纷、浪漫高雅的圣罗兰时代。自 1964 年推出首个彩妆系列起，圣罗兰便始终忠实传达着高雅、神秘、热情的品牌精神，为万千时尚人士所着迷。

"优雅不在于服装，而是在于神情。"圣罗兰这位颇具跨年代魅力、在时尚圈内呼风唤雨的重量级设计师，对于奠定法国巴黎"时尚之都"之头衔绝对是功不可没，他拥有艺术家般的浪漫特质，对于色彩的精准拿捏，以及挑战世俗的大胆作风，为时装界注入了一股又一股新鲜动力，让时尚一次次彻底复活。

圣罗兰的整体形象是一致的，尽管大师思路敏捷、题材广泛，但却始终都保持了法国时装的优雅风采，不管是修长的连衣裙，还是正式的套裙，圣罗兰都能够处理得十分舒爽柔美。优雅、完美是圣罗兰毕生的追求；高尚的气质和华贵的仪表，则是圣罗兰品牌永久的国际形象。

伊夫·圣罗兰是位男爵后裔，1936 年 8 月 1 日出生于法属北非国家阿尔及

圣罗兰 2011 ready to wear 男装系列

顺时针左上起：创始人伊夫·圣罗兰；伊夫·圣罗兰与 Pierre Berge 携手合作；1954 年，在国际羊毛局举办的时装设计比赛中，伊夫·圣罗兰获奖并脱颖而出；圣罗兰经典女鞋；圣罗兰配饰系列；标志性的圣罗兰 Logo

利亚，圣罗兰从小便生活在一座大城堡中，整日里有仆人服侍，经常在上流社会的纸牌聚会中打发时间。他家境富裕，祖先多从事与法律相关的事业，有些更是曾被封为男爵头衔。父亲是位商人，名下拥有保险及电影制作企业，因此，儿时的圣罗兰就经常能在聚会晚宴中接触到众多时装服饰。

13 岁时起，小圣罗兰就开始为母亲和家族中的其她女性设计服装和图案，并引来了当地的众多裁缝师们争相效仿。17 岁时，圣罗兰夫人将他带到巴黎，并通过种种努力，与时任法国版《Vogue》编辑的 Michel de Brunhoff 会面，在看过圣罗兰的设计稿后，这位时尚界的专业人士也不禁对其赞赏有加。1954 年，圣罗兰参加了法国时装协会举办的设计比赛，并一举获得四个奖项中的三项大奖，其中还包括晚装设计组的第一名。此外，圣罗兰摘得桂冠的晚装裸露单肩，对于保守的 20 世纪 50 年代来说，也是个颇具冲击力的创新设计。1955 年，在 Brunhoff 的推荐下，圣罗兰得到了迪奥先生的青睐，获聘迪奥设计助理。1957 年的一次发布会后，迪奥在与圣罗兰夫人的对话中曾这样说道："您的儿子是我惟一信任的人，他能够传承我的理念；我还会再干三到四年，之后就会将迪奥完全交给他……"

不料四天后，迪奥突发心脏病去世，而圣罗兰也的确如他所言，成为了巴黎最具影响力的时装屋掌门人，巴黎近一半的时装业界人士都将其奉为是时尚风向标。迪奥去世后的首场时装发布会上，圣罗兰被推上了迪奥总部的阳台，楼下满是为之鼓掌的熙攘人群。面对这样一位略显青涩的年轻人，人们难掩心中的疑惑：究竟是怎样一个名不见经传的设计师，竟能接下迪奥先生的衣钵？在圣罗兰担纲的首个迪奥系列中，他仅用两个星期时间便作出了 1 000 件设计，共起用了 200 位模特和 700 名工作人员。圣罗兰将迪奥的传统设计去繁化简——舍弃肩衬、薄纱和紧身胸衣等元素，转而创造出一种能够随肩部动作而随意飘动的 Trapeze 裙装。在接受媒体采访时，圣罗兰这样说道："我的设计没有明确的线条，这是很关键的一点；长久以来，时尚始终都被几何形状或高度结构化的设计束缚着，然而现在，是时候让它变得更休闲、舒适、自然了。"

在圣罗兰看来，这将是对一种全新时装风格的大胆探索，而在这种新风格中，线条是被弱化的；那次发布会大获成功，观众也对圣罗兰报以了热情的赞扬和祝贺。"圣罗兰拯救了法兰西" 当时曾有人如此评论道。然而，圣罗兰此后的几个系列作品却并未受到如此好评。据称在 1961 年，迪奥品牌的创立者之一马塞尔·布塞出于对圣罗兰的不满，迫使其进入军队服役。较常人更为细腻敏感的圣罗兰显然无法适应严苛的军营生活，短短 20 天就因精神崩溃而一病不起。

病愈后，迪奥拒绝让这位年轻的设计师重归其位，双方也由此而分道扬镳。但就在病休期间，圣罗兰意外与 Pierre Bergé 相遇，于是后来他便再度找到对方另谋新路，Pierre Bergé 帮助他成功起诉迪奥，并最终获得了 4.8 万英镑的赔偿金；紧接着，两人便以这笔资金开设了在日后名噪一时的时装公司——圣罗兰（Yves Saint Laurent）。当年秋天，该公司的员工就已经达到了近百人；整个 20 世纪六七十年代，圣罗兰品牌都反映出一种反叛权威的精神，他的设计不仅走在时代尖端，甚至于有些更是达到了惊世骇俗的程度，例如喇叭裤、套头毛衣、无袖汗衫、嬉皮装、长筒靴、中性服装、透明装等等，都是圣罗兰的创造发明。这一时期的圣罗兰被视为是法国最时髦的人士。在很多人眼中，圣罗兰远比纪梵希和温加罗等其他成衣设计师更加年轻，也比他们更酷。

1964 年，圣罗兰推出了第一支圣罗兰香水，并以其名字的首字母"Y"命名，此后也推出了不少经典之作。圣罗兰香水的特色在于，其明显区分了使用者的个性和生活方式，且在命名上也是极具争议，例如鸦片香水的东方格调，巴黎香槟香水的浪漫格调等，后者更是曾因命名侵权而遭到了法国酒商的控告，最终品牌不得不改名另辟蹊径。这其中，最著名的还是当属鸦片香水，它是圣罗兰第一瓶世界级香水产品，也是首瓶突破传统命名的香水，甚至比 CD 的毒药还要早；不仅名字诱惑，且香水瓶造型也参考了中国鼻烟壶的外形，再搭以暗红色设计，充满了危险与神秘的诱惑力，香味是以东方辛辣味道调制而成，充斥着醒目的异域风味，无疑是东方调配的经典之作。

与此同时，这位时髦设计师还经常会注意到直筒女裙的流行，同时他还意识到，这种裙装的平面化特性适合于运用大面积色块，圣罗兰从荷兰当代艺术家蒙德里安的抽象作品中获得启发，并在 1965 年推出了"蒙德里安裙"，其中的每个色块均使用了平纹面料，并模仿蒙德里安的机构方式对其进行组合，将布料拼缝藏于色块之间的黑色边线之下，以达到修身剪裁的出色效果。

这些标新立异的创作一时间震惊了整个上流社会，更是让不少热爱自由的年轻人——无论出身平民还是贵族富豪、甚至参与反政府示威的学生，都成为了该品牌的忠实客户，与此同时，圣罗兰也开始通过成衣和系列化产品线的方式大力发展自己的产品阵营。1968 年，他在巴黎塞纳河左岸开设了第一家成衣店，到了 1971 年，他已拥有 46 家圣罗兰连锁店，其成衣制品更是远销伦敦，并导致了当地服装店生意一落千丈。尽管产品在市场上大获成功，但圣罗兰也并未因此而放弃掉高级时装设计。1972 年，他又发表了一系列类似香奈儿服饰的古典造型系列作品。梵高向日葵图案的手工钉珠外套、狩猎夹克、迷你裙、

圣罗兰 2011 ready to wear 男装、包袋及鞋履系列

圣罗兰 2011 ready to wear 男装及包袋系列

波西米亚风衬衫与长裙……圣罗兰的作品在此后广受赞誉，并持续影响着当代女性的审美标准。紧接着，他又发表了一系列前所未有的设计款式，比如说吉普赛式、印度、高加索、斯拉夫、土耳其等式样，也都获得了空前成功，同时也让世人意识到，作品不需要现实，只要表达出印象、幻想和壮观就足够了。

1977 年，圣罗兰那些苍白、无胯、平胸的模特被那些高大、深色皮肤、体态丰满的模特所代替，穆斯林闺房中的女子戴着头巾帽和红毡帽款款走出，此时，他的时装已经开始影射出对摩洛哥、中国、日本和西班牙等遥远国度的浓厚兴趣。进入 20 世纪 80 年代，圣罗兰开始上升为大师地位，期间，品牌还举办了一系列的产品展览活动。例如圣罗兰在纽约大都会博物馆举办的个人展览，就成为了首位在该馆举办展览的时装设计师。1982 年，圣罗兰被美国时装设计师协会授予国际时装奖，此后便是"圣罗兰 25 年回顾展"。1985 年，他又获得了代表法国最高荣誉的骑士勋章，并由法国总统亲自颁发……然而，在万千荣誉之下，圣罗兰的生活却并非如旁人所想象的那样轻松顺利。对于烟酒的过度依赖，以及对自己时装事业的忧虑，都让圣罗兰不断遭遇着严重的精神挫折。

"每当我感到痛苦、不堪忍受的时候，我就想用沉重的铜圈勒住脖子，然后将自己沉入塞纳河底……"在一次接受采访时，他曾这样表示道。"就好像普鲁斯特那样，将自己对于世界的全部知觉置于一种不断流动的状态，这让我深深着迷。"1994 年，Pierre Bergé 以 4 000 万英镑的价格将圣罗兰品牌交予 Elf Sanofi，而他与圣罗兰仍保留了圣罗兰品牌时装业务的运作权。但到了 20 世纪 90 年代末，圣罗兰已开始逐步退出自己一手创立的时装屋。1999 年 Gucci 收购圣罗兰品牌后，Tom Ford 随即接手 Rive Gauche 成衣系列，而圣罗兰则继续担纲 Haute Couture 的设计工作，直至 2002 年宣布退休。2002 年，圣罗兰在蓬皮杜艺术中心举办了最后一场时装秀，吸引了 2 000 多人到场观看，在正式宣布退休的新闻发布会上，圣罗兰深情地说道："我为自己的原则和信仰感到自豪，因为我从来没有背叛过它们，所以我选择对我一生钟爱的事业说再见。"

2008 年 6 月 1 日，圣罗兰在巴黎去世，这也标志着继香奈儿和迪奥之后，服装设计典雅主义时代的正式落幕。然而，圣罗兰对于这个世界的影响却是延绵不断——在几乎每本时装杂志上，你都能看到当年"男装女穿"风潮所留下的影子和"中性风"这类字眼。

在日日求新的国际时装界，圣罗兰的服装并未带上强烈的时间感，但却拓展了美的疆域，而他那句广为人知的话语，似乎也成为了他全部生命的完美写照——"流行易逝，风格永存"。

品牌联系

登喜路
ALFRED DUNHILL

电话：800 820 5826
邮箱：shanghaihome@alfreddunhill.com.cn
网站：www.dunhill.com/zh-cn/

巴丽
BALLY

电话：(021) 5012 0915
邮箱：atwang@bally.ch
网站：www.bally.cn

博柏利
BURBERRY

电话：(021) 5012 0739
网站：cn.burberry.com

CERRUTI 1881

电话：(021) 6447 2296
邮箱：simonye@lftrinity.com
网站：www.cerruti.com

COACH

电话：(021) 6390 8073
网站：china.coach.com

克莱利亚尼
CORNELIANI

电话：(021) 6391 6588
邮箱：info@Corneliani.it
网站：www.corneliani.com

DOLCE & GABBANA

电话：(021) 6323 2277
网站：www.dolcegabbana.com.cn

杰尼亚
ERMENEGILDO ZEGNA

电话：(021) 2030 8988
网站：www.zegna.com/zh/rest-of-the-world/

GIEVES & HAWKES

电话：(0044 20) 8335 2708
邮箱：gieves@gievesandhawkes.com
网站：www.gievesandhawkes.com

古驰
GUCCI

电话：(021) 5228 5533
网站：www.gucci.com

爱马仕
HERMÈS

电话：(021) 6288 0328
网站：www.hermes.com

雨果·博斯
HUGO BOSS

电话：(021) 6288 0203
网站：www.hugoboss.cn

肯迪文
KENT & CURWEN

电话：(021) 6468 8510
网站：www.kentandcurwen.co.uk

路易威登
LOUIS VUITTON

电话：4006588555
网站：www.louisvuitton.com

MONCLER

电话：(021) 6288 6577
邮箱：plaza66@moncler.com
网站：www.moncler.com

MARC JACOBS

电话：(021) 6255 5988
网站：www.marcjacobs.com

伯爵莱利
PAL ZILERI

电话：(021) 5292 8688
邮箱：info@palzileri.com.hk
网站：www.palzileri.it

保罗与鲨鱼
PAUL & SHARK

电话：(021) 5465 5793
邮箱：office_paulsharkcn@ imaginex.
com.cn
网站：www.paulshark.it/zh

普拉达
PRADA

电话：(021) 6288 0150
网站：www.prada.com/hans

拉尔夫·劳伦
RALPH LAUREN

电话：(021) 6329 3623
网站：www.ralphlauren.com

萨尔瓦托勒·菲拉格慕
SALVATORE FERRAGAMO

电话：(021) 5298 6633
网站：www.salvatoreferragamo.it/cn/

史蒂芬劳尼治
STEFANO RICCI

电话：(021) 3222 1088
邮箱：luxury@stefanoricci.com.cn
网站：www.stefanoricci.com

托德斯
TOD'S

电话：(021) 6288 1037
网站：www.tods.com/#/ch/home

华伦天奴
VALENTINO

电话：(021) 6288 7896
网站：www.valentino.com

圣罗兰
YVES SAINT LAURENT

电话：(00852) 2868 0092
网站：www.ysl.com